走近科学

科技时代

KEJISHIDAI

CCTV10 《走近科学》丛书编委会 编

科学普及出版社

·北 京·

图书在版编目 (CIP) 数据

科技时代 / 中央电视台 CCTV10，《走近科学》丛书编委会编 .—北京：科学普及出版社，2013
（走近科学）
ISBN 978-7-110-06149-7
Ⅰ. 科 … Ⅱ. ①中 … ②走 … Ⅲ. 科学技术 – 普及读物
Ⅳ. N49

中国版本图书馆 CIP 数据核字 (2005) 第 072005 号

科学普及出版社出版
北京市海淀区中关村南大街 16 号　邮政编码：100081
电话：010-62173865　传真：010-62179148
http://www.cspbooks.com.cn
科学普及出版社发行部发行
北京世汉凌云印刷有限公司印刷
*
开本：787 毫米 ×960 毫米 1/16　印张：10.5　字数：185 千字
2013 年 3 月第 2 版　2013 年 3 月第 1 次印刷
ISBN 978-7-110-06149-7/N · 78
印数：1-5000 册　定价：29.90 元

策划编辑　肖　叶
责任编辑　李　珩
封面设计　少　华
责任校对　林　华
责任印制　安利平
法律顾问　宋润君

前 言

2001年7月，中央电视台科教频道（CCTV—10）随着国家“科教兴国”战略的实施应运而生。

科教频道传播现代科学知识，提倡先进教育理念，介绍中国和世界的优秀文化，逐步形成了鲜明的“教育品格，科学品质，文化品位”的频道特色，在社会上赢得了广泛的赞誉。几年来，《探索发现》、《绿色空间》、《人物》、《走近科学》、《天工开物》等众多电视栏目制作播出了大量脍炙人口的节目。这些充满了人类智慧，承载着古今中外文明果实的节目引发了观众对科学的兴趣，引导着观众走近科学。

科教频道播出以来，吸引了越来越多的忠实观众。但电视传播转瞬即逝的局限，也使得许多人无法随自己的方便收视心仪的节目。对他们，订阅《走近科学》杂志便成了弥补不能及时收视这一缺憾的选择。

《走近科学》月刊是我国第一本电视科学杂志。它将中央电视台科教频道的优秀电视节目转化为平面媒体，伴随着科教频道的前进，探索了一条跨媒体科学文化传播的新路。

今天，我们又将《走近科学》杂志近年来刊载的最受读者喜爱、关注，最富趣味性和知识性的热点内容——科教频道优秀节目的结晶，分类结集成书，奉献给喜爱科教频道节目和喜爱《走近科学》杂志的广大观众与读者，以感谢你们对科教频道和《走近科学》杂志的厚爱与支持！

编 者

2005年5月

目录

绿色居民 1
航天母舰方兴未艾 7
一只实验动物的自述——纪念为人类做出贡献的实验动物 ... 13
你身边的电池 17
把大豆穿在身上 21
110 水牛的试管宝宝 24
动物工厂 30
巧治垃圾 34
走向 21 世纪的高性能气垫船——陆地行舟 39
“海洋一号”卫星 43
彗星捕手 48
火火的“中国芯” 54
撕破声音的面具 60
背投之路 66
鱼的变性术 70
聚焦克隆 75
热能的应用 82
航海仿真 90
数字电视——直接瞄准高清晰 95

光束线为后基因时代护航 …… 98
为高放核废物打造永久“冷宫” …… 103
海上航天城 …… 108
人造“天穹” …… 111
地球最后的疆域——隧道 …… 119
人工合成可燃冰 …… 124
垃圾填埋气新利用 …… 129
新技术的钥匙——仿生学 …… 132
微生物探金矿 …… 135
中国数字化虚拟人 …… 138
太空中的人体趣谈 …… 142
未来太空开发 …… 146
追杀蠕虫王 …… 150
提纯“黄金气体” …… 154
固定二氧化碳 …… 158
大开眼界——光纤光谱望远镜 …… 160

绿色居民

随着绿化之风吹遍祖国大地，许多绿色植物相继来到各个城市安家落户，专家们亲切地把这些绿色植物称为城市的绿色居民。这些绿色居民帮了我们不少忙，它们防风固沙、滞尘杀菌、降温增湿、减少噪音、吸收有害气体，正在城市中发挥着广泛的生态功能。

夹竹桃风波

林新苑是上海市徐汇区的绿化模范社区，小区居民喜爱植物是出了名的，他们精心爱护着社区里的每一株植物。可是，突然有一天，有一种植物无法在小区里呆下去了，居民们对它惟恐避之不及，纷纷要求物业部门赶快把这种植物移走，因为它有毒，听说还能导致癌症。这种被大家视为有毒的植物，就是夹竹桃。

夹竹桃是小区内种植最多的植物之一，因为它长得茂盛，花又十分好看，从来都没受到过病虫害的侵扰，所以一直受到居民的喜爱。可是现在，面对居民的强烈要求，物业部门只好把原来种在窗前屋后的夹竹桃搬走，实在搬不完的，就把它移到离住宅楼较远的地方，任它自生自灭。虽然遭此冷遇，小区内为数不多的夹竹桃却照样长得郁郁葱葱，花期一到，粉红色的花朵绽放得美丽诱人。小区居民看见了，都远远地绕道而行。

除了林新苑，许多住宅区也都开始驱逐夹竹桃，有些人甚至对公共绿地里的夹竹桃也提出了异议。上海、福建、广东，一时间，全国各个城市都将夹竹桃排除在绿化植物之外。于是，夹竹桃开

夹竹桃

始大面积从人们的视线中消失了。

与此同时，中国风景园林协会的专家严玲璋发现了一个有趣的现象，在国内备受冷眼的夹竹桃，在日本，人们却对它宠爱有加。

她在日本访问期间看到不但高速路上夹竹桃开得非常美丽，而且居住区内的夹竹桃离住宅窗户很近。问起夹竹桃，日本百姓都夸好，并没有听说过夹竹桃有毒害的传言。

夹竹桃究竟会不会散发有毒气体？于是严玲璋决定和上海园林科学研究所的科研人员查个清楚。他们给夹竹桃的枝条上戴上一个密闭的塑料口袋，用来收集夹竹桃所挥发出的各种气体。

24小时之后，研究人员抽出其中的气体，定量输入气相色谱分析仪，对夹竹桃挥发出来的气体进行检测、分析和对比。

他们在检测过程中发现，夹竹桃挥发物里确有一种有毒成分丙烯醛。如果人体大量吸入丙烯醛，会对呼吸道黏膜有很大的刺激作用。但是研究人员同时还发现，在实验中得到的丙烯醛非常不稳定，只有在气流不扩散的情况下，才能测到它的存在。而夹竹桃是生长在一个大的空气环境中，它的挥发物在空气内的含量是微乎其微的，而且其中的丙烯醛在空气中极容易被氧化，分解成丙烯酸，丙烯酸不仅没有毒，还能抑制细菌的繁殖。

因此，专家们建议，应该在化工区内、道路旁边和一些公共场所多栽种一些夹竹桃，因为夹竹桃在抵抗病虫害、杀灭细菌方面，有着其他植物无法比拟的优点。此外，夹竹桃对空气中的二氧化硫、一氧化碳和冶金企业里的一些有毒气体，都有一定的吸收能力。

为夹竹桃平反之后，上海园林科学研究所又对我们常见的47种园林植物进行了气体挥发物的检测。这一次，他们为香樟树洗刷了不白之冤。长期以来，很多人不愿意在香樟树下锻炼身体，认为香樟树和我们日常生活中杀虫用的樟脑丸有着密不可分的关系。其实，樟脑丸的主要成分是萘，而香樟树分泌的是樟脑。

香樟

这是两种完全不同的物质，况且，香樟分泌的樟脑还有醒脑和抑菌作用，是一种很有益的物质。

现在，园林专家正建议在城市的一些区域内多种夹竹桃和香樟。

从夹竹桃的风波可以看出，生活在城市里的人们越来越关心植物的保健功能。上海市公园管理处的一份调查显示：经常在银杏树下锻炼身体，对心肺疾病有天然辅助疗效，常在松柏林中活动有祛风除湿、舒筋活络的作用。此外，当人置身在花丛中的时候，还会感到赏心悦目，神清气爽。国外还兴起了“森林疗法”和“花香医院”。

城市的天然空调

陆家嘴是上海浦东繁华的街区之一，是投资者眼中人气旺盛的地方。可是，让人始料不及的是，这里的温度也随着旺盛的人气逐年增高。在夏季的高温天气里，陆家嘴的行人会感到不舒服。

医学专家也告诫人们在高温天气里尽量少出行，因为当环境温度高于28摄氏度时各种疾病的发病率会升高，尤其是心脑血管类疾病的发病率会明显增高。

可是在距离陆家嘴几千米外的郊区，人们就会感觉好多了，这里的温度要比市中心低三四摄氏度。近年来，随着城市建设的发展，越来越多的沥青和水泥被铺设、浇筑在城市当中，而这些材料吸热快、透气性差，加上来来往往的汽车吐出的尾气和密集的人群，“热岛效应”一词就进入了人们的生活。

“热岛效应”指的就是上述这种城市中气温明显高于郊区的现象。严玲璋从1997年就开始对上海市区内几个温度较高的区域进行调查和分析，经过几年的调查研究，她认为形成热岛效应的原因是多方面的，但是缓解热岛效应最直接有效的办法就是多种植物。因为在光合作用下，植物细胞内糖的浓度会增加，每个细胞内糖的浓度都不会一样，浓度高的细胞就会向浓度低的细胞吸水，吸水之后，细胞就会膨胀。因为细胞外壁比较薄，内壁比较厚，所以外壁膨胀得快，内壁膨胀得慢，这样植物“保卫细胞”之间就会形成一个孔，这个孔就是水分蒸发出来的地方。

科研人员在夏季作过一个简单的测温实验，同一片地区，路面上的温度高达35摄氏度，而旁边草地上的温度才29摄氏度。

经过反复论证，上海市政府花了7亿人民币，拆了楼房，在陆家嘴建了10万平米的绿地。并充分采纳了专家的建议，形成大树在上，灌木在中，草地在下的复层种植结构。

通过卫星遥感图片，可以清晰地看到陆家嘴地区的热岛效应逐渐减弱了。这个消息让上海人听了格外高兴。于是，人们把目光聚焦在连续几年来上海市温度较高的区域，开始在那里

绿色生产区

种植绿色植物。现在，这些地方都已经变成上海市民眼中的绿岛，成了人们在夏季享受清凉的好去处。

正当人们以为热岛变绿岛的工作已经结束时，严玲璋认为绿岛的效应其实远远还没有完全发挥出来。因为每一个公园、街头绿地，都是分散的，被周围很多建筑物包围着，这样就不可能很好地发挥它的绿岛效应。

如果把这些绿岛用一条条线连接起来，织成一张绿色大网，那么就不必担心绿岛变孤岛了。当然，这些线也应该是绿色的，严玲璋和她的同事们管它叫绿色廊道。绿色廊道最初的设想是50米宽，但园林专家很快发现，50米宽的绿化带虽然在生态效益方面是最好的，可是在实际中建这么宽的绿化带是不大可能的。于是他们决定化整为零，把马路当中的分车道，道路两旁的人行道用绿树打扮成多条廊道。

廊道建成后，在绿地消暑的人们很快发现，即使在闷热的天气中，这里也会有阵阵凉风拂面，花丛中的蜜蜂也逐渐多了起来。

城市的环保卫士

在生产高精度仪器的企业里，如果空气中有过多的灰尘，就意味着所生产的仪器的精确度会受灰尘干扰而降低。因此，这样的企业生产区内有着一系列严格的防尘措施。除此之外，企业还用绿化来防尘。

为了使生产区的绿化达到最好的防尘效果，一家企业找到了北京园林科学研究所的专家，希望对厂区内的绿地进行改造。在专家的指导下，他们在草坪上种植了很多灌木、乔木，不但有雪松、云杉等一些复层结构的中下层树，另外还增加了地锦、长春藤等地被植物，这样，整个绿地的叶面积就大大增加了。

绿色廊道

植物为什么还能防尘呢？原来植物叶表面都生长有大量的星状毛，当空气当中的粉尘颗粒接触植物表面的时候，它就会被植物叶表面的绒毛固定下来，这就是植物的滞尘作用。

上海园林科学研究所的研究人员做了一个简单的实验，研究人员从正在施工的道路边采集叶样，用清水把叶表面附着的灰尘冲到已知重量的滤纸上，在烘干滤纸后，称出附着灰尘的滤纸的重量，就可以计算出叶片上吸附了多少灰尘。

经过一系列的实验，他们测算出1平方米的树叶，吸附的灰尘是50克，这反映出树叶具有比较强的吸咐灰尘的作用。

植物的叶片表面也并不是灰尘的久留之所。到了下雨天，或者对植物进行浇灌的时候，吸附在叶片表面的灰尘会被冲到地面和土壤中，这样，叶片就可以不断吸附空气中飘浮着的灰尘。

一年前，北京园林科学研究所曾经针对城市绿色植物的生态效益，做了一次集中调查。在这次调查中，他们对人们所熟知的植物功能进行了定量定性的工作，从他们的工作中我们可以看到多数绿色植物还具有较强的杀菌作用。

因为多数植物在生长过程中能分泌出一种叫植物杀菌素的挥发性物质，这种物质能在空气中流动和渗透，可以直接减少空气中有害细菌的数量，其作用不低于成千上万吨的消毒酒精。不同的植物具有不同的杀菌和医疗效用，比如，松柏类树木分泌的松脂就可以有效杀死结核病菌，而杉树对糖尿病人和心血管病人是有益的。对于支气管炎患者来说，一株迷迭香苹果树，就有助于病情的缓解。

绿色植物在城市中的功能逐渐显现在人们面前，有一些居民小区，在每一种树上都挂了一个牌，上面写着树的名字，它属于什么科以及它对人有什么好处等内容，体现了人与自然的和谐。

现在，越来越多的绿色植物正进入人们的生活，它们吸收城市中对人类有害的气体，增加空气中的水分，杀灭任意滋生的病菌，同时又防风滞尘，降温减噪，它们是城市的天然空调和环保卫士。而这些仅是绿色植物在城市中发挥的一部分功能。我们对身边这些绿色居民的关注和了解才刚刚开始。

航天母舰方兴未艾

为建造国际空间站进行的太空行走练习

2001年10月31日，一名法国女航天员和两名俄罗斯航天员在完成了一系列探索生命科学、生物学、材料科学和地球观察等试验后，返回地球。

此前，国际空间站上的3名长驻航天员从太空目睹了2001年“9·11”恐怖袭击和美英对阿富汗的军事打击。

国际空间站正以其特有的优势，展示其远大的前途。

不返回地面的太空堡垒

自古以来，人类就有飞出地球、探知太空奥秘和开发宇宙资源的愿望。经过千百年的努力，人类终于在20世纪研制出了宇宙飞船、空间站、航天飞机这3种载人航天器，从而飞出了自己的摇篮——地球，开辟了继陆地、海洋和大气层之后的第四个生存环境——太空。

宇宙飞船和航天飞机是人类进入太空的交通工具，主要用于天地往返运输，在太空飞行时间一般不超过20天；而不落的航天母舰——空间站则是开发太空的人造“天宫”。与宇宙飞船和航天飞机相比，空间站具有许多优点：规模大，电源充足，运行时间长，实验设备可以更换和维修，航天员能轮流分批作业，功能可以不断扩展，等等。因而，空间站一问世便受到世界各航天大国的高度重视，他们力图把空间站作为太空堡垒，

利用空间站研究地球环境和宇宙空间，开发太阳系，实现空间工业化生产，组装和维修各类航天器，建立太空中转站，还有，把空间站作为军事观察站、指挥所及武器试验场……

前苏联把发展空间站作为一项国策，采取了积极稳妥、循序渐进的方式，最大限度地利用了成熟技术，因而在空间站领域技高一筹，独立发射了8个空间站，2001年3月23日销毁的“和平号”是其代表作。美国则由于过多注重先进性而缺乏连续性和继承性，至今只发射了1个空间站。

目前正在建造的“阿尔法”国际空间站是由16个国家合作研制的，它代表了当代空间站的最高水平。

舱段式空间站和桁架式空间站

空间站从总体构型上大致可分为两种：舱段式空间站和桁架式空间站，后者又称一体化组合综合轨道基地。

舱段式空间站由数个舱段连接组成，包括居住舱、实验舱、资源舱、对接过渡舱和气闸舱等。居住舱是航天员生活和休息的场所；实验舱是航天员进行实验研究和对地对天观测的场所；资源舱为整个空间站提供动力和电源；对接过渡舱有多个对接口，可停靠多艘载人飞船或其他航天器；气闸舱是航天员在轨道上出入空间的通道。舱段式空间站以圆筒形压力舱作为结构基础，一般由运载火箭一次发射入轨，入轨后太阳电池阵等部件自行投入工作，工作正常后再用载人飞船或航天飞机把人送往空间站上。

舱段式空间站不需要航天员出舱组装，较为简单。它的缺点是不灵活，很难改变形状，尤其在压力舱出现重大故障时必须取下来才能修理，难度很大；太阳电池阵可展开面积小，输出电力受到限制。世界上现已发射的9个空间站均属于舱段式构型，它们又分为三代。

前苏联1971～1977年发射的“礼炮”1号至5号和美国发射的“天空实验室”为第一代，具有试验性质，寿命都不长。站上仅有一个对接口，每次只能接待一艘客货两用飞船，科研仪器和主要物品均在发射前就装入空间站内了，很难补给，限制了载人航天的时间和空间站的寿命。这一代空间站解决了许多有关空间站的重

天空实验室

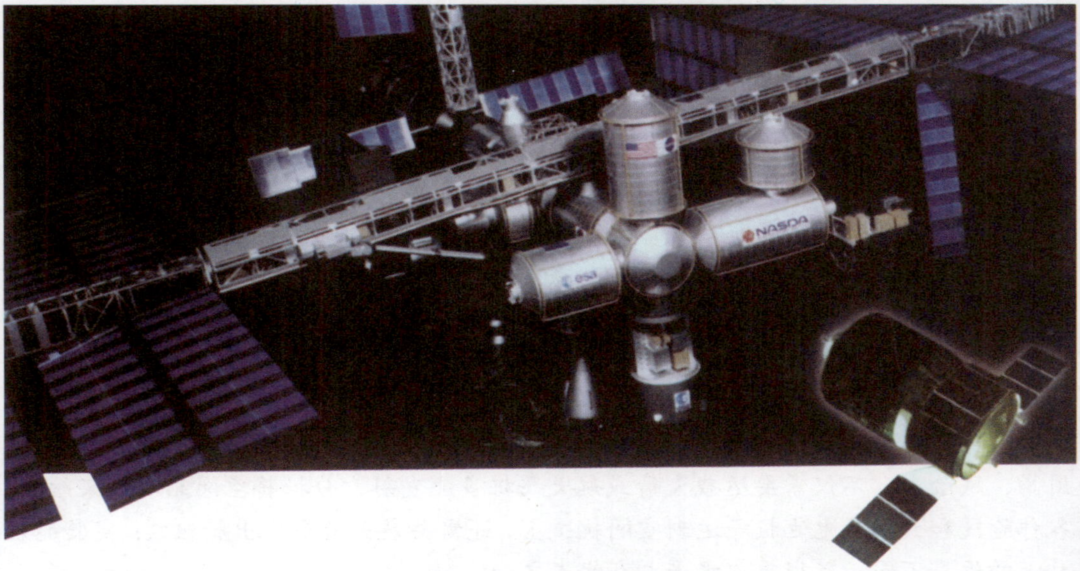

大科技问题。

前苏联“礼炮”6号、“礼炮”7号空间站是第二代，分别于1977、1982年入轨，属于实用型。其主要特点是有两个对接口，可同时接纳两艘宇宙飞船，延长了空间站在轨寿命和航天员在轨时间。在第一代空间站中，寿命最长的礼炮4号工作了2年多，而“礼炮”6号、“礼炮”7号分别运行了5年和9年，所以，第二代空间站又叫长寿命空间站。

第一代、第二代空间站均是单模块式空间站，第三代空间站则采用多模块式组合，即由多个舱段在空间交会对接像积木一样组合而成。每个舱段都有独立的电源及控制系统，比较灵活。其典型代表是前苏联1986年发射的和平号空间站。“和平号”空间站最主要的特点是有6个对接口，除了用于对接飞船外，还对接了5个实验舱。不足之处是，它增加了每个舱段的复杂性；各舱之间过于紧凑，相互有一定影响，特别是站上太阳能电池板很难安排，易被遮掩。

桁架式空间站的主要特征是以长达数十米或上百米的巨大桁架为骨架，各种舱段、设备、太阳能电池板等都挂接在桁架上。通常，实验舱和居住舱位于桁架的中部，太阳能电池板和大型抛物面天线等装在桁架的两端。目前正在建造的“阿尔法”国际空间站基本属于桁架式构型。这种空间站的优点是：灵活性强，桁架上的舱段等可以很方便地装卸、修理和更换；采用统一的服务设

施，集中控制供电、供气、散热、姿态、交会对接，使每个组成模块的功能单一化，大大提高了全站的效率；有效载荷能方便地从对接口出入；桁架间的宽阔空间可以安装各种观测仪器和增设太阳能电池板，视场容易扩展；采用三角形桁架结构，刚度大，并可利用重力梯度稳定姿态；控制系统比舱段式空间站简单。这些都是未来大型空间结构的发展方向。

美国“天空实验室”空间站（右）与“阿波罗”飞船相会

桁架式空间站的主要缺点是：费用高，风险大，不仅需要运载火箭或航天飞机多次发射，分批将空间站的桁架结构、各种舱段和太阳能电池板等运到空间轨道上，还需要航天员多次出舱组装；实验舱在站上的位置不同，其微重力水平也有优劣之分。

航天母舰用途诱人

太空资源有三种。一是轨道资源，它由航天器在轨运行自然产生；二是环境资源，如太空中丰富的太阳能、高洁净环境、高真空等；三是物质资源，如月球上的氦-3等矿藏。目前利用的主要是轨道资源——高远位置，如利用通信卫星、遥感卫星和导航卫星等获取、加工、传输和存储信息，可以全部自动化，比较容易发展。目前开发和利用其他太空资源很困难，例如在航天器上建工厂或实验基地，由于获取、加工、传输和存储的是物质或能源，所需设备和仪器比用于信息业的复杂得多，很难做到大部分自动化。

空间站的用途基本有以下几个方面。

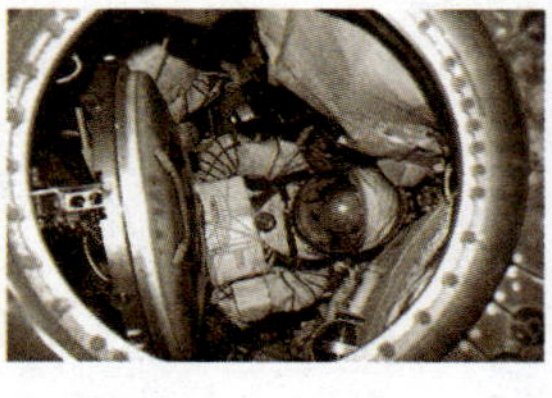

1.对地观测　在空间站上，可安装大型观测设备；航天员可避开云雾拍照，并能拍到许多偶过的重要目标；有时航天员可用肉眼看清海底的一些东西，而用仪器却看不见——有关人员现正研究这一奇特现象。

2.研究空间生命科学和航天医学　生命在太空微重力和强辐射环境下的延续与在地面环境下有很大差别，在空间站上进行空间生物学研究，能为揭开生命的奥秘、培养新的生物品种开辟新途径。在空间站上进行充分的航天医学研究，对未来人类移居外星具有重要意义。

3.天文观测　在空间站上可以摆脱地球大气的桎梏，克服坐地观天的局限，开创

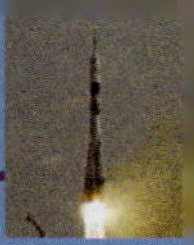

全波（对包括可见光、X射线、γ射线和高能粒子各个波段电磁波进行观测）天文的时代。在空间站上，能精确测定天体的运动速度和方位，发现新的宇宙奥秘。

4.空间生产　利用太空微重力、高真空、高洁净等环境资源，可以进行高纯度药品的生产、提炼无缺陷晶体、制造无泡沫合金等。

欧空局航天员雷特在“和平号”上弹吉他

5.试验新技术　空间通信的关键是大尺寸的轻型天线，在空间站上有足够的时间进行人工操作和精密装配，并具有发展空间通信和微波通信的实际工作环境；发展激光雷达、微波遥感器等技术需要一种通用的对地观测遥感技术实验室，空间站是最适宜的；装配和试验巨型太阳能电站；试验空间推进技术以及进行新武器试验；验证空间探索技术。

6.在轨服务　空间站可以成为一个操作中心，为其他航天器服务，包括修理卫星、更换仪器、加注燃料、组装大型空间设施等。

由于空间站价值连城，所以，未来的空间站都将是永久性的，即长寿命加上补给、维修和替换，使空间站寿命延长达15年以上。

未来的人造“天宫”

当空间站的应用经历了试验探索时期，进入在轨服务时期后，即可在地球同步轨道，甚至在地月之间的拉格朗日点上建立巨大的永久性空间站，成为空间基地。这种空间基地除了具有空间站的全部功能外，还可以对其他航天器进行加注燃料、维修和更换仪器等在轨服务。为此，在空间站基础上发展而成的空间基地还要配有轨道机动飞行器和轨道转移飞行器等，其中，维修服务站是重要设施之一——站上有移动服务系统和各种维修工具，可用来装配其他大型空间结构。在空间基地上还可建空间工厂，生产特殊材料和药品等，使载人航天进入真正的应用阶段。除此之外，空间基地还将是人们长期生活、生产和飞往地外星球的基地。

以航天器群方式运行是未来空间站的一个显著特点。所谓航天器群就是以空间站为核心，由空间站、空间平台和轨道间飞行器等组成的空间站系统。与空间站主体分开，但又由空间站主体管理和照料的自由飞行器是空间平台；轨道间飞行器则是来往于空间站和空间平台之间的机动载人或无人运输器，是一种为更换、修理空间平台上的设备、补给消耗品、从平台上取回数据资料和产品而停靠在空间站上的太空机动飞船。这种空间站系统能大大提高开发太空的效益和空间站的应用范围。

完成上述任务需要解决一系列技术问题。例如，研制永久性空间站需对空间站的总体及所有分系统采用高可靠性设计；为消除太空原子氧对结构材料的腐蚀、微流星撞击空间站的影响、活动部件产生的冷焊、温控涂层的老化和电子器件受辐射而失效等空间特殊环境带来的诸多不利因素，应研制出能在空间深冷、强辐射和腐蚀条件下长期工作的电子器件、温控涂层和结构材料等；为了便于在轨维修和更换部件，永久性空间站应该采用标准化的轨道更换单元和先进的在轨维修技术。

目前的空间站对地面依赖很大，因而已出现空间站“放”得起、“养”不起的局面（“和平号”是一个典型）。为此，未来的空间站将提高自主性，这也需要开发一些新技术，例如研制再生式生命保障系统，使航天员呼出的二氧化碳和排出的尿液及其他废水变成有用的氧气、饮用水和卫生用水，形成循环；在空间站上栽种植物、养殖动物，解决食物自给问题等。

为使人长期在空间站上生活和工作，克服太空环境给航天员带来的心血管异常、骨质疏松等不利影响，减少航天员的轮换次数，提高工作效率，未来的空间站将既具有微重力环境（用于科研和生产），又具有为航天员创造的重力环境（现已有多种方案）。

此外，未来空间站的建造还将遇到大型结构件的展开、能防空间粒子辐射且灵活方便的特殊航天服、效率更高的大功率电源、像救生艇一样方便可靠的救生设备、微型载人机动装置等一系列技术难题。

如果能克服这些艰难险阻，则将进一步使太空站人类化，从而开辟更加美好的空间文明时代。

知识点

拉格朗日点：18世纪由法国数学家拉格朗日发现。在两个相互环绕的星球间，会有5个点上的万有引力相互抵消，在拉格朗日点上放的空间站，维持相对位置不变消耗的燃料最少。地球和月亮之间的第一个拉格朗日点距地球32.3万千米，是地球到月球路程的84%。

一只实验动物的自述——纪念为人类做出贡献的实验动物

实验动物小白鼠

搬迁，我们威风八面

我是一只很干净的老鼠，我的学名叫实验动物。我和伙伴们居住在上海实验动物中心，这是咱们国家啮齿类实验动物的一个保种中心，全国50%的啮齿类实验动物的种子都保存在这个实验中心里。我们有很多故事，集体大搬家就是其中的一个。

前不久，因为城市规划的需要，我们实验动物中心要从上海市中心搬到更适宜生存的郊外去。这么大规模的实验动物搬家是史无前例的，到底该怎么搬，采用哪种方案，所有的人都心里没底。当时搬家的核心问题也是最困难的问题是，必须保证让我们在1小时之内顺利到达新的地方，补充给我们新的洁净的空气。之所以要在1小时之内，是因为根据这10年的经验，我们在大型隔离包里1个小时后就可能缺氧，然后包里面的温度可能会上升，湿度也达不到我们的要求，我们就会骚动不安、出汗，出现紧张情绪，这样对繁殖下一代会有影响，甚至可能会造成某些品系动物的断种。这可让工作人员伤了脑筋，因为当时国内外都没有经验可以借鉴。如果把我们这些种子处理掉，再收集、培育新的种子，可能要十年八年的时间，那样的话，对我们整个国家生命科学的研究可能会造成不可低估的影响。

我们也感到有些不安，因为我们长期在特定的环境下生活，不带有任何寄生虫和特殊病原体。用专业的话讲，我们是SPF(Specific Pathogen Free，简写为SPF)级清洁度很高的实验动物，接触适合人生存的正常环境对我们来说就意味着毁灭。

人们终于想出了办法，我们这次搬家可真是兴师动众啊。

为了减少我们在外界环境的时间，人们把楼墙凿了个洞，好让我们穿墙而过，利用这条“快速通道”上车。虽然我们都没有如山的体重，但是搬运工人却觉得不是件轻松的事情，他们怕万一损坏了我们的隔离包住房，使我们的生命受到威胁。为了不让我们受热，搬家时间定在了清晨；可清晨正是交通高峰期，时间难保证。你没想到吧，上海市的警车来为我们鸣笛开道了！我们威风八面，畅行无阻，不到1个小时就来到了新家。

生活，我们备受呵护

我们住在被称为保种房的地方，有严格的屏障保护系统。那些伸出来的充气手是保护我们的方法之一，工作人员把它们反向推进隔离包，就等于戴上了隔离手套，可以干净地为我们做各种事了。据说，美国实验动物房的造价高于白宫的造价，日本的也高于首相府的造价。这是科学上的要求，不是摆排场。我们保种房的空气是经过高效过滤的，达到航天的1万级净化标准，相当于美国航天要求的标准。工作人员进我们动物房要用磁卡开第一道门，然后要通过指纹识别、洗澡、换工作服。这样做就是要隔离任何有害微生物，保证我们生存环境的SPF级清洁标准。还有，我们动物房的每个生活间都有4个空气循环口，它们能保障室内的压力高于外面，不让空气中的微生物存留；房屋顶部的微型喷洒器是专门给极细微的微生物消毒的。人们把我们住房的温度控制在23℃左右，要求上下不差2摄氏度，湿度在65%。他们在我们房中安装了温湿度显示器，温湿度情况经过传感器传到电脑中，自动调节温湿度。

我们住的保护房有严格的屏障保护系统

这些充气手是保护我们的方法之一

我们的食物富含营养，而且都经过高温消毒，在各个环节上阻断微生物的入侵途径。不然，大量微生物会使我们对药物反应迟钝，从而产生错误的实验结果，那可是关系到人类生死的大问题呀。这里的饲养员像照顾孩子一样精心细致。时间久了她们好像都能听懂我们的语言了。

基因，我们独具风采

我们实验动物中心的奥秘，还得从保种房说起。每一个隔离包里居住的都是不同

每一个隔离包居住的都是不同的实验品系

的实验品系。我们每个品系都是经过专家进行几十代特定培养后，由国际相关标准委员会命名批准，才能进入实验动物家庭的。从1952年到现在，世界实验用老鼠的品种就有250个，其中只属于中国的有3个。听专家说，我们国家实际上有更多可以用来培养成标准品系的自然鼠资源，它们具有的一些独特的基因特性，一旦培育成实验标准品系，会对某些疾病的研究有重要作用。

我们实验老鼠和普通老鼠最大的区别就是遗传背景明确，是按照人的实验要求特别培养出来的。遗传是控制我们生存的第一要素。我们每一只老鼠都有编号，都知道自己的父母是谁，自己从哪里来，是哪个品系。

培养实验动物有两种要求。一种是要求它的基因很杂，就像人与人之间不相同那样；另一种就是要求每个动物基因完全相同。头一种的培育方式就是随机的，张家的和李家的婚配起来，生出的老鼠既带张家的特性又带李家的特性，做实验时，这种杂合度很高的动物只代表它本身；第二种是李家的子女互相婚配，这样它们的子女基因很纯，做实验时，一个动物可以代表一个群体。所以，我们实验动物之间的差异是遗传特性的不同，并不是外观色彩上的差别。

人工授精是实验动物学家保存我们某些特殊品系的新方法。他们取出精子和卵子分别进行冷冻保存，也可以人工授精后保存胚胎。这样做最直接的益处是方便运输。保存活体则有相当严格的环境要求，要避免微生物的污染，预防自然灾害的影响，以免使这些资源丢失；当然，最重要的问题就是在人工培育的过程中，很可能造成遗传的漂变或基因突变，使这些品系若干年以后与原来的特性完全不一样了。所以，需要用胚胎或者精子的方式来保存我们这些特殊品系。

牺牲，我们功德无量

今天又有我的伙伴要被送到需要它们的地方去了。每次离别我都依依不舍，但是我们都很清楚自己的职责，那不仅是我们实验动物不可改变的归宿，更是我们的荣耀。

现在，我们实验动物的家庭中有一些成员被称为动物模型。有一只小老鼠，它就是肿瘤模型的实验动物——人体内的胃癌通过实验培养就长在了它的皮下。这样做有利于研究人员观察肿瘤的生长过程，研究肿瘤的发生机理，寻找治疗方法。肿瘤的病毒病因学说就是通过这样的实验途径得出的——虽然这个学说已经诞生近百年了，但

进行肿瘤实验的小白鼠

是现代肿瘤的病因研究还在围绕这个学说进行探索。

器官移植是近年来人类最希望突破的研究课题。几年前，在一间小小的手术室里，一项研究心脏移植的实验，吸引了所有研究器官移植的医生和需要移植器官的患者的目光。虽然这个实验仅仅是一次探索，但是两个实验动物的生命却为人类带来了器官移植的新希望。

几乎没有一项疾病的研究能离开我们实验动物。为了拯救毒品下的生命，我们天性活泼好动的家庭成员猴子为戒毒实验做出了牺牲；生命科学最尖端的克隆研究也不能离开我们实验动物；特别是，中药要走向世界，也必须通过我们才能对药理药效做出最准确的评价。

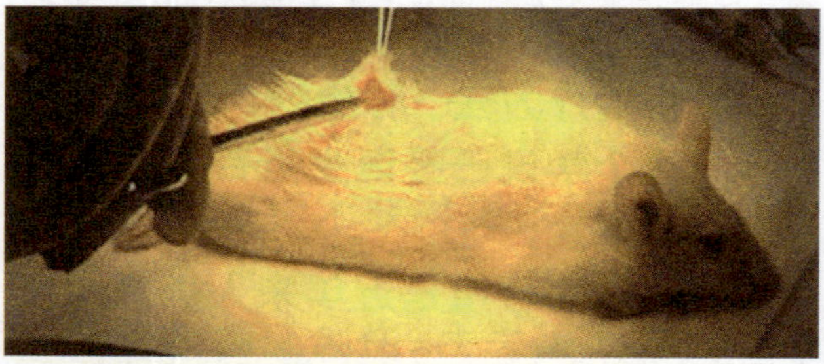

每当一个新的手术方法诞生，每当一个患者的生命得到拯救，我们都能从人们的笑容中体会到快乐。这样，我们就能够告诉自己：我的生命走过了有意义的旅程。

你身边的电池

功过评说

废旧电池焚烧后产生的固体也会造成污染

无论是生活在喧闹繁华的都市，还是生活在偏僻的小山村，人们都在享受着电池带来的便利。电池在人们的呵护下，平平安安地度过了将近一个世纪。然而近几年来，人们日常生活中所使用的干电池却受到了舆论的严厉指责，被说成是破坏环境的罪魁祸首。有的媒体甚至说："1节纽扣电池能污染60万升水，1节1号电池能使1平方米的土地失去使用价值。"这样的描述，让人们在享受电池所带来的便利的同时，也不免心存疑虑，心怀忐忑。

对于媒体大肆渲染的这种说法，专家却有着不同的看法。

清华大学环境工程系教授聂永丰认为，如果单纯是为了使某些人对这个问题有所警觉，那么，这种说法无疑有它积极的一面，但它毕竟是把自然问题和科学问题过度地简单化和夸大化了。接着，聂教授为我们简单地算了一笔账。他说，我国每年1次性电池的消耗量都在数十亿节以上，2000年更是达到了80多亿节，照此推算，中国现在早已没有一块净土、一滴净水了。显然，媒体的这种说法经不住最简单的推敲。

那么，废旧电池到底有多大危害，又与哪些因素有关呢？

聂教授认为，废旧电池对环境到底有多大的破坏作用，与对它的收集、处理密切相关。如果废旧电池直接进入环境或与垃圾一起堆肥，当数量少时，可以说没有什么污染，而当数量增多时就不一样了。一方面，它会导致单位体积内重金属的量增多，另一方面，电池之间也会相互发生作用，加速重金属的溶出，污染也就相应增大。而当废旧电池与垃圾一起焚烧时，其污染就更为明显了，因为废旧电池在焚烧过程中，汞等重金属在高温下极易挥发，并被烟气带走，造成严重的大气污染，同时，焚烧还会产生新的固体金属有害物质，成为更大的污染源。

为了避免废旧干电池对环境和人体的影响，应该把废旧电池进行分类收集，集中填埋，不要让它进入到城市垃圾中。

其实，分类收集、集中填埋是当今大多数发达国家处理废电池时普遍采用的方法，

这种方法要使用密闭性较好的填埋场，只要填埋场符合安全标准，防渗性能好，电池中的有毒物质到达土壤和水体的过程就会非常缓慢，所以不会造成很大的污染。

尽管填埋在目前还算是一种比较理想的方法，但这种方法依然存在着一定的危害性，所以，好多环保热心人士呼吁：废旧电池集中回收上来之后，应把里面的有害物质提炼出来加以循环利用，变废为宝，以彻底消除隐患。但令人遗憾的是，目前不光在我国，就是在世界发达国家，也没有较为成熟的废旧电池再生技术。

既然如此，要想消除电池对环境和人类的危害，生产绿色无污染的环保电池势在必行。

无汞电池诞生

2001年10月19日，中国电池工业协会召开的我国第一批“绿色、优质”无汞碱性锌锰电池产品新闻发布会，让人们看到了希望的曙光。

在本次新闻发布会上，传出了电池与“汞”彻底分手的消息，其实，电池与汞的这场“婚变”，早在20世纪90年代初期的美国、日本等国就已经发生，没想到这场“婚变”引起的地震波在时隔多年后才传到我国，虽然来得晚了点，但也足以令人振奋。

据了解，各企业为生产无汞电池动辄花费数亿元，好多人都认为这只是一种商业炒作，但当我们了解到电池专家们的研究经历时，我们才真切地感受到，这天文数字的花费背后，凝聚的却是科学家们的心血和汗水。

教授级高级工程师陈永心就是这些科学家里面的一员。他成功研制了国内第一条400节每分钟无汞碱锰电池生产线。

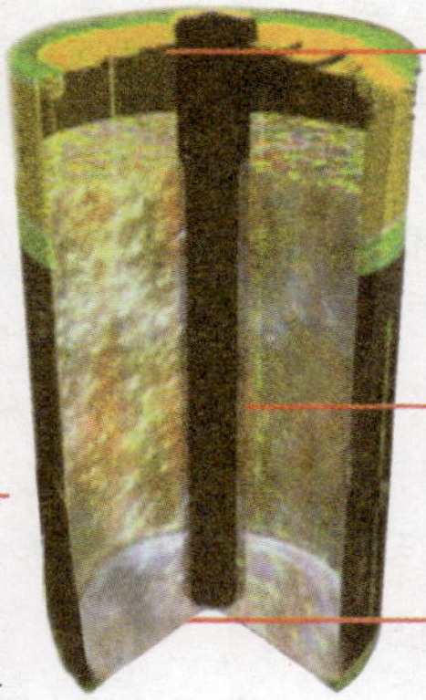

陈永心所在的企业是一个外向型企业，电池出口是他们的立业之本。从1992年开始，他们就拉开了与“汞”作顽强斗争的序幕。1992年，在国际市场的压力下，他们投入到了对低汞电池的研究当中。从高汞到低汞，表面上是汞在电池中的含量在发生变化，其实，它也是电池技术史上的一次革新，因为汞在电池中的作用太大了。

电池一般由正极、负极、电解液、隔离层和容器构成。电池中如果不加汞，负极锌粉就会与电解液发生反应，锌粉会被慢慢腐蚀掉，造成电池走电，而反应产生的气体将随着量的积累把电池胀爆，产生漏液。加进汞，汞就会在锌粉表面形成一个保护层，将锌与电解液相隔离，从而遏止了锌的被腐蚀和气体的产生。

虽然汞在电池中的作用巨大，但同时，它对人的伤害也是不容忽视的，因为无论是高汞电池，还是低汞电池，在生产过程中，员工们都要整天与汞打交道，不管他们多么小心，但汞害的危险始终存在。视员工如家人的陈永心更是忧心忡忡。

而此时，国际市场风云突变，一次性电池遭到封杀，无汞电池才是国际市场的新宠。1994年，在市场、员工健康的双重压力下，陈永心毅然决然地作出选择，开始研究无汞电池。这一干就是6年。

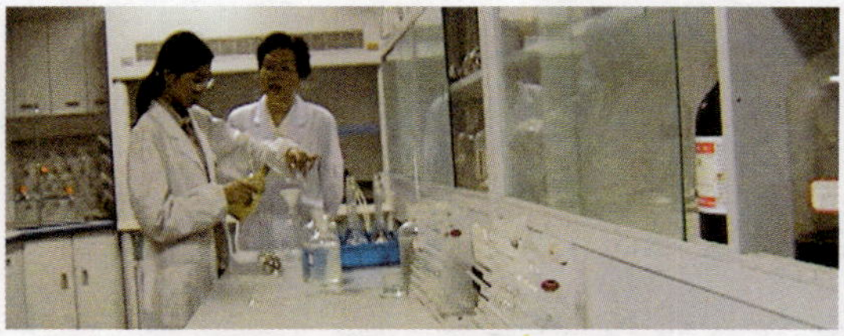
陈永心教授（右）在研究无汞电池

陈永心他们首先着手研究的是负极。因为从汞在电池中的作用来看，研究负极可以说是对症下药。通过大量实验，经历了成千上万次的失败，陈永心终于找到一种金属合金的混合物能对锌与电解液进行隔离，并且对环境无污染。陈永心在漫长

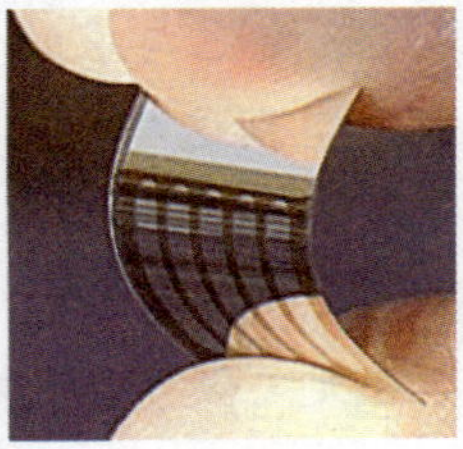

而又艰难的研究过程当中，越来越强烈地意识到，他们所做的一切，不再仅仅是为了企业的生存、员工的健康，而更重要的是为了全人类的环保事业。尽管当时国外在无汞电池研究方面已经比较成熟，但陈永心决心在这样的研究领域里，为中国科学家争得一席之地。

6年的艰辛，6年的等待，6年坚持不懈的耕耘，6年望眼欲穿的期盼，国内第一条具有世界领先水平的无汞碱锰电池生产线终于在他们手中建成投产，为全厂全部实现无汞化插上了腾飞的翅膀。

对于电池家族中的新成员——无汞电池，其危害将逐渐淡出人们的视线，但它的性能状况又将吸引更多的关注目光。据中国电池工业协会秘书长王敬忠介绍，我国企业现在生产的无汞电池，其放电性能比有汞电池的放电性能还要高。

另外，在新闻发布会上，记者还获悉，我国目前已有14家骨干企业生产无汞碱锰电池，我国碱锰电池的无汞化率已达50%以上。更令人惊喜的是，从2005年起，我国生产的碱锰电池将全部实现无汞化。

无汞电池已经走进人们的生活，人们在充分享受电池带来的便利的时候，不再心怀忐忑，而是轻轻松松。

知识点

人们日常生活中所使用的一次性电池，包括普通锌锰电池、碱性锌锰电池和产量极少的扣式电池，其危害主要是指电池中含有的重金属元素汞对环境造成的破坏。而目前我国市面上销售的大多数都是低汞电池，其汞含量只占电池重量的25/100万，而且这极微量的汞也被电池的外壳密封着，只有当外壳被腐蚀后，电池里面的含汞有害物质才会渗漏出来，有的直接进入空气造成大气污染，有的溶解在水里并在微生物的作用下，生成有毒物质甲基汞等，富集在动植物体内，危害人类。而电池的外壳一般是由不锈钢片做成的，腐蚀过程相当缓慢，也就是说，电池里面的含汞有害物质要突破外壳这一关是非常难的。

知识点

无汞电池真的无汞吗？

其实，无汞电池并非真的无汞，而是其汞含量不高于电池重量的1/100万，基本上对环境不再造成污染。

把大豆穿在身上

大豆纤维的原料并不是大豆，而是榨过油的大豆残渣，大豆纤维的发明人并不是纺织科研院所的专家，而是高中毕业的农民发明家李官奇

一种叫大豆纤维的新型化纤改写了中国化纤材料发明领域的历史，结束了中国在这个领域没有原创技术的时代，这是零的突破。

不仅有了，而且优良。大豆纤维的导湿性能比绝大部分化纤和天然纤维都好，其透气性能也超过棉纤维和蚕丝纤维；大豆纤维织物的保暖性与棉纤维织物相同，而且既有羊绒的手感，又有真丝的光泽，这意味着它可以在一定程度上替代这两种天然纤维，满足毛纺产品对资源的需求。

大豆纤维的原料并不是大豆，大豆纤维的发明人也不是科研院所的专家

成功总是青睐有心人，改变命运的密码也许蕴藏在偶然之中。1991年，李官奇看到了一本美国的《化学文摘》，论述了蛋白质纺丝的可能性。从事过大豆榨油的李官奇做了大胆的推想：富含植物蛋白质的大豆资源在我国十分丰富，除了食用外，相当一部分被用于榨油。要是利用大豆蛋白纺丝的话，大豆中的油脂是没有用的，但是，如果用榨油后的残渣来纺丝，岂不是一举两得了吗！他原以为，一两年就能研制出大豆纤维，没想到，这一干就是10年。

当初，李官奇的想法在所有的人看来都是不现实的：一是国外早就开始了对大豆纤维的研究，但都没有成功；二是用植物蛋白纺丝涉及生物化学、高分子化学、分析化学和纤维工艺学等多门学科的知识，只有高中文化程度而且是纺织行业门外汉的李官奇能行吗？

李官奇还是干了。他先后自费买了十几万元的相关学科的专著和参考书籍，自学生物化学、高分子化学、大学物理、分析化学、纤维工艺学等学科。为了潜心研究，不受干扰，李官奇揣着前几年干粮油加工攒下的所有积蓄，从家里搬到河南浚县一个不起眼的地方，在陋室中一呆就是好几年。李官奇笑说这是把自己“软禁”起来了。

李官奇发现，大豆的蛋白是球形蛋白，这不同于羊毛、蚕丝等动物蛋白，后者以线形方式存在，可以直接被用于制造纤维。这就是说，制成大豆纤维的关键就在于把球蛋白链打开变成线形蛋白。

经过反复试验，李官奇找到了一种特殊的助剂，能够像剪刀一样剪开一个个球形蛋白。此时的大豆蛋白已经从球形变成线形，但是蛋白分子链处于无序卷曲的状态，纺出的丝强度不够。

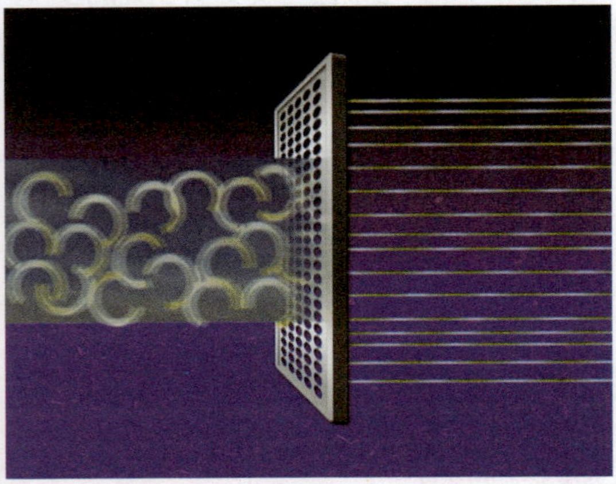

能不能找到一种高分子聚合物来给无序的蛋白分子一个支撑？带着这个想法，李官奇开始了对高分子聚合物的性能测试。终于，他发现，羟基聚合物能和大豆蛋白紧密结合在一起，这种新的纺丝溶液在凝固液中快速通过喷丝孔就形成了一根根纤维。

大部分化学纤维的截面是规则的圆形，纤维表面十分光滑，这使织成的面料紧密不透气，而大豆纤维的截面是不规则的肾形和哑铃形，它在纵面上有一条凹槽，便于传导水汽，所以，大豆纤维的导湿透气性很好。而且，大豆纤维内部有孔隙存在，中间含有的空气是热的不良导体，由它做成的服装保暖性会很好。

大豆纤维终于实现工业化生产了。它的经济价值怎么样呢？有纺织专家算了这么一笔账：1千克大豆可以榨出0.17千克的大豆油，榨油后剩下的0.83千克大豆粕中含有40%的有效蛋白质。大豆粕与高聚物共混制成纺丝原液后，再纺成大豆蛋白纤维，还剩余40%的大豆饼粕仍可用作饲料。从价格上看，1吨大豆粕可提炼蛋白质400千克，加入600千克的高聚物，可制成1吨大豆蛋白纤维，其成本仅为2.5万元，市场售价则高达7万～8万元。也就是说，1吨大豆粕可提高40%的新使用价值。

有了全新的纤维并不意味着消费者一定能够穿上用它做的服装

一种新纤维的问世，我们往往对它抱有过高的期望值，希望它十全十美，弥补以往所有纤维的缺点。这实际上是不可能的。大豆纤维也有自身的不足：它的弹性回复率比不上羊绒羊毛，遇120摄氏度以上的高温容易收缩，它还需要一些特殊的工艺……

国家纺织工业协会组织了国内高校、纺织科研院所和生产企业的技术人员联合攻关，以使大豆纤维产品尽早进入市场。

手感滑糯、光泽亮丽、风格与全真丝一样的大豆纤维织物

消费者对服装色彩的需求是多种多样的，而大豆纤维本身是豆黄色，要得到白色或者浅色的织物就先得对它漂白。普通化纤在漂白过程中采用的是高温工艺，虽然高温工艺也能使大豆纤维白度增加，但是它同时又会使大豆纤维失去柔软滑糯的手感。

苏州大学材料工程学院的科技人员尝试着把一次漂白分为两次，在漂白过程中降低温度，同时提高漂白助剂的浓度。大豆纤维原来的白度只有42，经过初次漂白以后，它的白度已经达到了58，再经过进一步的漂白，白度上升为72.32，达到了纺织品对于白织物和浅色织物染色的要求。

羊毛纤维的保暖性很强，虽然当前羊毛织物朝着轻薄的方向发展，但是把它作为春夏装面料在凉爽性方面仍显不足。大豆纤维具有导湿透气的优点，将它与毛混纺，所织的面料既凉爽轻薄，又以羊毛的弹性弥补了大豆纤维的不足。然而，常州第三毛纺织厂在开发羊毛与大豆纤维混纺织物时发现，大豆纤维与羊毛混纺染色后，手感并不理想。原来，问题出在混纺织物染色后必经的整理工序上。在整理过程中，一定温度的水流通过挤压可以使面料原先紧密的经纬结构产生位移，使织物蓬松柔软，但大豆纤维不耐高温，原先适用于羊毛的整理方法破坏了大豆纤维的滑糯手感。

攻关小组的工程师们进行了一次又一次精确的调整和比对，终于得到了手感滑糯、光泽亮丽的新型织物。

大豆纤维的广阔市场前景是李官奇所始料不及的。大豆纤维既可以纯纺，又可以与其他天然纤维或合成纤维混纺来满足人们不同的要求。而且，真丝售价是20万元1吨，而织物风格与真丝一样的大豆纤维每吨售价只是七八万元，在价格上具有很大的优势。

正是在这些纺织科技人员的共同努力下，大豆纤维离我们消费者越来越近了，由它做成的服装正逐步进入我们的生活。

大豆纤维的发明人李官奇又有了新的目标——对菜籽和花生榨油后的残渣进行纤维开发。他说，这项开发如果成功了，既能为农副产品的深加工开辟一条新路，又能让化纤家族里多一些蛋白纤维的新成员。让我们预祝李官奇再次获得成功！

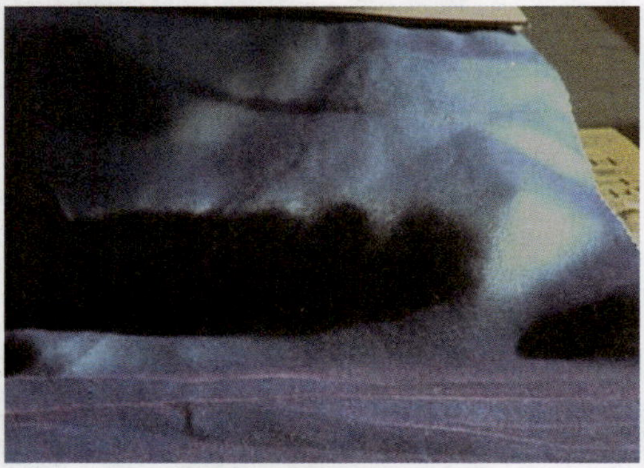
大豆纤维织物

110 水牛的试管宝宝

利用人工授精方法完成良种水牛的转化，大致需要12年的时间，而通过试管方法，只需1年的时间就可以得到一头纯种水牛。

我国惟一的水牛专业研究所——中国农业科学院（广西）水牛研究所的科研人员所做的试管水牛实验告诉我们，在不远的将来，农民可以把买来的纯种牛胚胎移植到自家母牛的子宫内，一年后，就能获得一头良种牛。

试管水牛技术的成熟，对我国水牛的品种改良和建立优质、高产、高效的水牛业将起到积极的推进作用。

110 水牛怀的是试管胚胎水牛

在中国农业科学院（广西）水牛研究所的隔离牛栏里，人们正焦急地等待一头母水牛产犊。

这头即将分娩的水牛是一头纯种的本地水牛，编号为110，它是3年前来到水牛所的。

这一天，2001年11月26日，是110的预产期。110慢悠悠地嚼着饲草，时不时懒洋洋地看一眼周围，好像一点儿也不着急。

水牛所的黄右军研究员却有些着急，虽然搞畜牧研究已经几十年，水牛分娩也经历了好多次，但是，110到了预产期却一点分娩状态也没有，着实让他放心不下。因为，110肚子里怀的并不是它自己的孩子，而是一头

110肚子里怀的是一只试管胚胎水牛

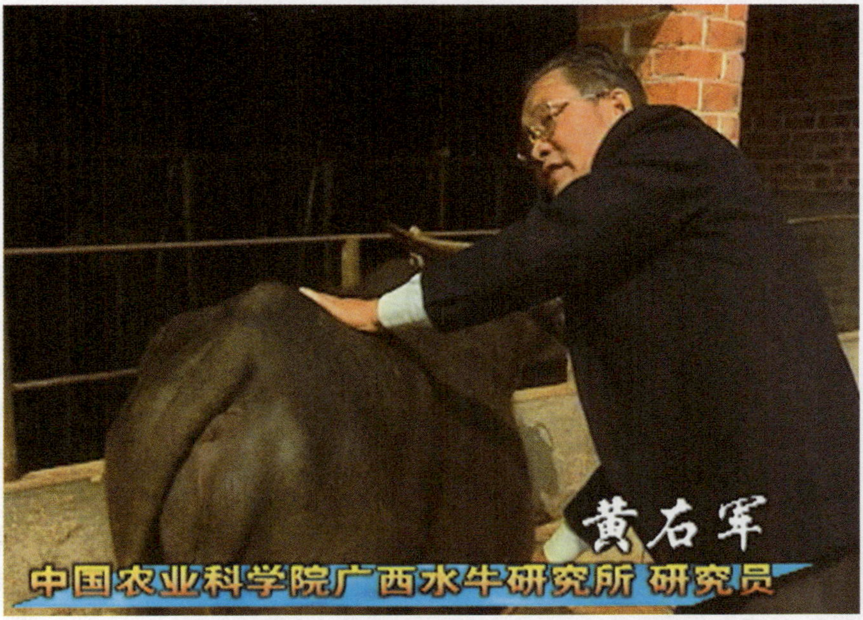

国外良种公牛与另外一头本地母牛杂交的后代，是一只试管胚胎水牛。

尽管因为胎位不正导致的难产仅占母牛生产的1%，但由于本地水牛与良种水牛的个体差异，作为被借腹生子的110来说，腹中的小牛实在是个大家伙，难产的可能性大大增加了。

实验场附近有一家养牛场，是水牛研究所下属的产业化基地。这里的近千头水牛，大多是国外优良品种。就在11月26日这一天，养牛场里一头外国纯种水牛产下了一头死胎——小牛因难产窒息而死。这件事，使黄右军对110的分娩越发担心起来。

几天来，工作人员为即将生产的母牛准备了新鲜的饲料，并且增添了精细饲料，增加母牛产前的营养。在母牛即将临产之际，派了专人昼夜观察，还准备了一个产科器械包，以备母牛难产应急之用。

11月28日，超出预产期两天了。

黄右军把110牵出牛舍，强迫它活动。也许是肚子太大，负担太重，也许是多年不活动养成了习惯，110总是没走几步就停下。

一天的散步，对110分娩好像没产生什么推动效果。

如果超出预产期太久，小牛会因胎盘老化而缺氧死亡。很多人建议给110打催产素，可是黄右军没同意，他还是希望小牛能自然娩出。

试管水牛是怎么回事

每天清晨，研究人员把从屠宰厂买回来的母牛卵巢清洗干净后，从中抽取卵母细胞即卵子。然后，把取出的卵子在显微镜下进一步清洗、筛选，将那些健康的、生命

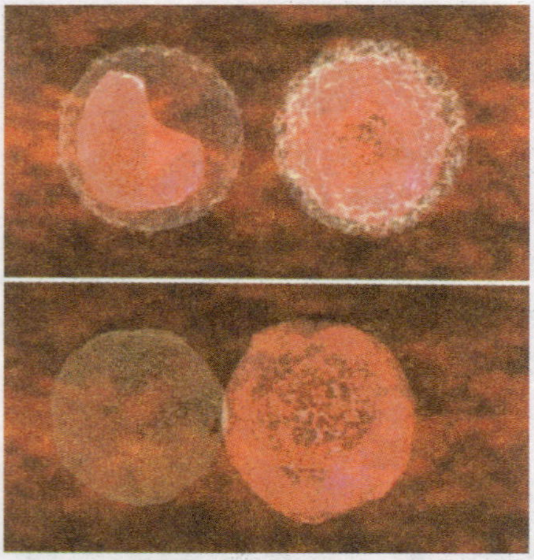

（上）水牛卵细胞（左）与黄牛卵细胞的比较
（下）胚胎从卵壳内分离出来，在母亲的帮助下长成一头小牛

力强的卵子挑选出来，放到二氧化碳培养箱中，准备24小时之后进行人工授精。

同时，从液氮罐中取出良种水牛的试管冻精，解冻后放到盛有培养液的试管中。然后，放在二氧化碳培养箱中大约30分钟，活精子即上浮到培养液表层。将这些活精子收集到试管中，放入离心机，在1分钟3500转的旋转速度下，生命力更强的精子被挑选出来了。

将精卵混合后放入二氧化碳培养箱中，充满活力的精子便在巨大的卵子周围游动，伺机进入卵母细胞。经过6个小时的不懈努力，第一个钻入卵子外壳的精子，是整个生命竞赛的胜利者——进入卵子的门被封上了，其余精子都被挡在了门外。卵子在一瞬间被激活了，它的内部开始发生生化反应。这时，卵子有了孕育水牛的所有信息。

经过36～48小时，受精卵会发育成为2个细胞，再经过24小时继续发育，2个细胞变成了4个细胞……就这样，细胞不断分裂，7～8天以后，形成囊胚。

囊胚就是可以移植入母牛子宫中的胚胎。一年前，110体内植入的正是这样一个试管胚胎。

为了继续成长，胚胎需要从卵壳外寻找新的营养来源，于是，移入子宫的胚胎通过脐带从母体获取营养，在母亲的帮助下，经过318天，长成一头小牛。

世界上首例试管黄牛诞生于1982年，而试管水牛直到1991年才诞生第一例。现在，试管水牛仍为数不多。主要原因一是水牛的卵母细胞天生就少，从一头本地水牛的卵巢中通常只能获得3～5个卵母细胞，而从一头黄牛的卵巢中一次就能获得12～18个卵母细胞；二是水牛的卵母细胞质量比黄牛的差；三是水牛精子的体外活力差。黄牛试管冻精经过解冻后，

50%的精子可以复苏，而水牛的只有30%，精子密度低也直接影响受精率。总之，试管水牛的体外囊胚发育率很低。

中国农业科学院（广西）水牛研究所经过多年研究，参考试管黄牛技术及有关动物胚胎移植方法进行实验，研制出了独特的胚胎培养液，使成熟胚胎率达到28.1%，超过了世界平均水平。

开发水牛胚胎移植技术的经济价值

养牛场的近千头水牛大多是国外优良品种

据联合国粮农组织（FAO）2000年的统计，我国有水牛2 259.9万头，仅次于印度和巴基斯坦，居世界第三位。

随着我国农村机械化程度的提高，以前作为主要役力的水牛，其经济价值、实用价值已大打折扣，水牛用途转型势在必行。

生活在黄河以南大部分地区的我国水牛普遍具有适应性、抗病性、抗热性、抗湿性强等优点，但它们的体型较国外良种水牛小，产肉率、产奶量都没有国外良种水牛高。

水牛奶味道浓香、口感细腻，而且没有乳牛奶的膻味。水牛奶的干物质含量很高，特别是蛋白质含量丰富，为荷斯坦牛（俗称黑白花）奶的1.5倍；水牛奶乳脂率为7%～8%，是制作奶酪的上乘原料；水牛奶中的钙、铁等微量元素含量高，易被人体吸收。但是，一头进口良种母牛的年产乳量是2132～2262千克，而一头本地水牛的年产乳量只有500～750千克，不到进口水牛产乳量的1/4，只够喂养自己的宝宝。

特别是，近年欧洲疯牛病蔓延时，却没有发现水牛罹患此病。人们初步认为，水牛具有抵抗疯牛病的能力。许多过去不养水牛的国家开始引进水牛了。

水牛有这么多优越性，改良我国水牛品种，发展我国水牛养殖业，其重要性自不待言。但是，引进国外良种牛成本很高，能不能用我国现有的水牛资源获得良种水牛呢？能。用人工授精、胚胎移植等技术方法就可以改良我国水牛品种。

现在，人工授精技术在水牛良种改造的实践中已经发展得非常成熟了，为什么科研人员还要不惜人力、物力开发胚胎移植技术，做试管水牛的实验呢？

为了时间。利用人工授精方法完成良种水牛的转化，大致需要12年。本地水牛通过人工方法受精生产的第一代杂交牛，要经过4年时间才具有生育能力；它通过人工方法授精生下的第二代杂交牛，又要经过4年时间才具有生育能力。到通过人工方法受精生下的第四代杂交牛，才具有87.5%的外来优良品种的遗传特征，才可以称为良种牛。

试管方法则直接把良种牛的精子、卵子通过体外受精培养为胚胎，将成熟的胚胎直接植入本地水牛的子宫内，只需1年的时间就可以得到纯种水牛。

黄右军和他的同事们就是利用胚胎移植的方法，进行着试管水牛实验。他们的研究取得了三大突破：一是建立了稳定的试管水牛胚胎生产技术，获得了一群试管水牛；二是试管移植的关键技术——成熟胚胎即囊胚率达到了28.1%，超过目前23%的世界平均水平，并使移植成功率达到60%；三是水牛双胎率有望达到20%以上，而自然条件下水牛双胎率只有0.09%。

这项实验的成功为纯种水牛胚胎的产业化铺平了道路。

110水牛的试管宝宝

2001年11月30日。上午，110的产道明显比前几天松弛、肿大，而且有分泌物流出，它的尾巴也翘得老高，不停地摆来摆去，同时，它的乳房也变得坚挺起来。下午3时，110异常安静，这是水牛即将分娩的明显症状。人们迅速做好了准备。

突然，110两腿开始用力，腹部剧烈地收缩，胎儿两只嫩黄色蹄子已经伸出了产道。110一会儿站起来，一会儿又卧倒，为了顺利分娩，它要选择最佳的生产方式。即将出世的小牛也一会儿露出，一会儿缩回，好像并不急于离开妈妈。

下午3点50分，110的小宝宝——一个人工促成的新生命来到了这个世界上。

110并不知道小牛没有一点儿自己的遗传信息，它只知道自己现在是一个母亲。它顾不上分娩的劳

把合格的囊胚植入母牛的子宫里

累，为小牛舔干身上的羊水。羊水里有各种激素，可以促进母体乳腺的分泌，帮助胎盘排出。

为了让小牛能够尽快地站起来吃奶，工作人员为小牛剥掉了蹄子上的软壳。他们对小牛进行了必要的检查。这是一头小母牛，体重22千克，毛色黝黑，具有国外良种牛的明显特点。

110 顾不上分娩的劳累，忙着为小牛舔干身上的羊水

半个小时后，小牛开始找奶吃。这时小牛的视力还很差，声音和气味是它辨别方向的依据。也许是环境声音嘈杂，小牛常常被误导到人的跟前。毕竟，妈妈的气味是不可替代的，小牛终于找到妈妈的乳头，贪婪地吮吸起来。在以后的一周时间里，它都会这样——吃奶、睡觉，再吃奶、睡觉，慢慢长大。

在通常情况下，小牛会持续吃奶一年，直到母牛再次怀孕产犊。

这头国外良种和本地品种杂交的试管水牛，将会成为个子比母亲更大、奶水比母亲更丰富的水牛。

黄右军他们又开始纯种优良水牛的胚胎移植的研究了，就是从良种母牛活体上取卵进行良种牛的体外受精、胚胎移植。因为有杂交水牛成功的胚胎移植经验，良种牛的胚胎移植技术难点已基本得到克服。

到时候，农民把买来的胚胎移植到自家母牛的子宫里，一年后就会获得一头良种牛。

动物工厂

**现在的农村可跟以前不一样了。
那种“养牛为耕田，养猪为过年，
鸡鸭产蛋换油盐”的时代已经过去了。
现在，越来越多的农民朋友靠养殖业富裕了起来，乡亲们说，养啥都离不了科学技术。**

新品种（系）瘦肉猪

清晨的菜市场也许是城市中最早忙碌起来的地方……在苏太猪肉专供点，早已排起了长队。因为苏太猪肉特别好吃，所以苏州群众争相购买。

苏太猪就是科技人员刻苦钻研培育出的深受群众喜爱的新品种。

在养殖业中，养猪在农村中十分普遍，猪肉也是日常生活中消费量很大的动物食品。

现在都讲究吃瘦肉，可培育一个瘦肉型猪的品种却要花费几十年甚至上百年的时间。如何缩短选育新品种的时间，研究人员又在寻找新的方法了。

不久，一种新型的自动饲喂测定系统诞生了。研究人员让一头头的猪排着队，进到一个小箱子里，只见进去一头猪，记录器上就出现几排数字。每头猪的耳朵上都戴着一个标记环，每次进到小箱子里吃食都会被记录下来，这些记录帮助研究人员获得了科学、准确的测定数据。这种方法是研究专门化品系不可缺少的一个环节。专门化品系的选育是近代种猪育种理论和技术的重要成果，是提高种猪性能水平的有效手段。以往让一个品种具有多种优点，像生长快，食料少，肉质好，繁殖率高等等，往往要费几十年的时间，但结

猪的耳朵上带着标记环

果并不能令人满意。

于是专家们开始研究专门化用途的品系，一个品种中，有的专门用作父本，比如只要求生长快，瘦肉率高；有的用作母本，比如只要产仔多，肉质好就可以了。这样一来，每一个品系的特点突出，只要几代的培育就可以达到要求，缩短了培育时间。根据需要，可以将不同特点的品系进行配套组合，生产满足不同需要的商品猪。在我国专门化品系的研究中，华中农业大学的研究人员将分子生物学技术和常规技术结合在了一起。研究人员从猪的血液中提取DNA，利用技术手段确定基因，然后控制猪的遗传性能，保证了种猪的质量，先后培育出了湖北白猪、中国瘦肉猪等10个新品系。

中国工程院院士熊远著说，专门化品系有很大的优点，性状少，易选纯，更新速度快，可以两元、三元、甚至多元杂交，可以适应不同的市场需要，中国市场这么大，南北不同的地方可以根据不同需要培育出十几个品系，可以有不同的组合来适应市场。

无论是苏太猪，还是其他新品系猪，在研究成功之后，很快投入了规模化生产，使农民获得了很大的经济效益。

科学养牛

黄德林是山东省齐河县有名的养牛专业户，在几个月前，买回来近百头小牛，一转眼，这批牛已是膘肥体壮。问他养牛有啥秘诀，这位山东大汉说啊，养牛要赚钱，就得多看科技书籍。他接着说：“用科学配方能降低养牛成本。我通过学习，最后掌握了牛需要多少蛋白，多少纤维，多少微量元素，我自己配出的料一斤能降低成本一毛钱。”

可别小看这一毛钱，牛的饭量大着呢，100头牛一天就能省150块钱，他扳着手指头算了算，这一年下来可就是五六万啊！

看着别人的日子一天比一天红火，乡亲们也想养牛。养牛的人多了，有的村里就建起了养牛小区，虽然还是各家养各家的牛，不过这样一来，技术员来小区就可以帮助各家各户解决不少问题。

山东省禹城市养殖户柴常玉说：“原先养牛我觉得养得也不孬，比起别人来养得强，进了小区以后，技术方面比以前更强了，特别是配种这一块，原先是自然配种，长得慢，赚钱少，人工配种以后牛长得快，卖钱又多。”

正是国家近年来在畜禽养殖业中采取了一系列的科技攻关项目，才使乡亲们一天比一天富裕了起来。

现在常挂在老乡们嘴边的两个词“利木赞”和“西门塔尔”，是山

西门塔尔

东引进的国外优质肉牛的名字，用这两种牛和当地的鲁西黄牛进行杂交之后的肉牛，品质好，十分受欢迎。山东省畜禽良种推广中心担任了良种推广的任务。为了解决良种优化问题，这个中心利用胚胎技术，筛选出了最优的品种，同时还解决了犊牛数量的问题。

规模化养殖有时会出现优良的种牛不足的问题，采用胚胎移殖技术可以加快优良种牛的繁殖速度，比如一头牛在自然繁殖条件下一年只能产一头犊牛，采用这个技术一年可以产十几头到二十几头优良纯种牛的后代，大大促进了肉牛规模化养殖及产业化开发。

有了好牛，喂什么也很有讲究，我国近年来推广秸秆养牛，要让牛长得壮，不光吃得好，还要吸收利用好。肉奶中有多少蛋白质是衡量好坏的重要指标。所以，要发展规模化养殖，解决牛、羊等反刍动物体内蛋白质含量成为一项关键性的技术。牛的体内有瘤胃，瘤胃就好像是一个大的化工厂，有很多微生物帮助反刍动物分解各种营养物质。研究发现，其中的脲酶可以分解尿素合成微生物蛋白，之后被反刍动物吸收、利用。这为解决蛋白质饲料不足的问题找到了新的途径。不过脲酶有一个特点，它的活性过高，分解尿素的速度比利用速度快几倍，分解过程中产生大量的氨，不及时吸收利用会造成动物的氨中毒。这个原因严重制约了尿素的利用，使牛羊的规模化养殖受到了限制。中国农科院畜牧研究所承担了“脲酶抑制剂”项目的研究。瘤胃是一个复杂的微生物世界，而且在动物体内，要搞清楚脲酶是如何起作用的，实在是困难。于是研究人员采用人工方法模拟瘤胃，这样就方便多了。通过人工模拟瘤胃的方法，工作人员搞清楚了脲酶的分子结构，采用抑制脲酶活性的方法，合成了脲酶抑制剂。并很快用在生产中。这一科研成果使研究所与企业实现了双赢。

养鸡业中的科技手段

养殖业的发展为农民朋友带来了实惠，不光有养猪养牛的，还有养鸡的，鸡的规模化养殖在许多地方成为了致富的重要手段。

鸡养得多了，对质量要求也就越来越高。吃什么饲料能让鸡长肉快，下蛋多，别生病，这些还得让科学家来帮忙。

动物和人一样，钙、磷等微量元素对生长发育十分重要，在鸡饲料中常用的营养添加剂是磷酸氢钙，但是不容易被鸡吸收，而且随粪便排出体外，造成了磷污染。一边是花钱为动物买营养品，

用加了植酸梅添加剂的饲料喂养的鸡，成本低，鸡蛋销路好

一边却是对环境造成污染。有没有什么办法让饲料中的磷被充分吸收利用呢？

植酸酶可以帮助动物分解吸收磷，但这种酶很难得到，所以价格很高。研究人员利用基因工程技术将植酸酶的基因转入一种生长速度非常快的菌类中，通过基因控制，让它长出大量的植酸酶，这样一来，原本身价很高的植酸酶变得普通了。饲料生产中，成本因素往往是影响新技术新成果应用的一大障碍，中国农科院饲料研究所与饲料厂联合开发的植酸酶添加剂，不但没有使饲料涨钱，反而使每吨还下降了七八块钱。这样一来，用户也十分乐意接受。在规模化养殖中，鸡蛋的质量直接影响着种鸡的质量，不能让小鸡在娘肚子里就缺钙。鸡吃了含有植酸酶的饲料，蛋下得多，蛋壳光亮，不易破损，质量好了。

中国农科院饲料研究所所长蔡辉益说："在玉米、麸皮、大米里的人类无法利用的营养物质，因为有了植酸酶，全部被利用起来了，它节约了大量的营养物质。

动物的粪便排放到土壤里边以后，大量地沉淀到地下水里，造成地下水质的污染，影响人类的生活。而这个问题随着植酸酶产品的大量使用得到了彻底的解决。它的作用已经超出了畜牧业的领域，涉及人类的生活环境。

在规模化养殖中，疫病的防治更加重要，一旦出现传染病，其后果不堪设想，在鸡的规模化养殖中，新城疫和大肠杆菌病对鸡的威胁最大，一旦大面积发病，将难以控制。科研人员利用血清学试验，通过血样进行快速诊断，对很多养鸡场实行疫病监控，定期进行健康普查，利用先进设备快速准确判断病因，为控制鸡病的发作节省了宝贵的时间。

这些高新的生物技术、信息技术以及常规技术的集成和组装在畜牧业上的应用，已经成为畜牧业提高经济效益，生态效益和社会效益的主动力。这也就是新的技术革命在畜牧业中具体的体现。

正是有了先进的技术手段应用在养殖业中，乡亲们富起来了，咱们的餐桌上才有了越来越丰富的肉蛋奶。

知识点：畜禽的规模化养殖

规模化就是把现代技术集成起来，有一定规模的饲养量为载体，运用现代的品种、现代的饲料配方、现代环境控制技术和疫病控制技术等等，利用先进的设备，使养殖业建立起适应市场需要的现代化的生产方式。

巧治垃圾

垃圾问题一直困扰着现代都市。传统的垃圾处理方法存在诸多弊端。中科院热物理研究所的科研人员坚持走自己的路，开发了一套适合中国国情的垃圾综合处理技术。经过处理的垃圾不但能制成肥料，还能治理内蒙古的沙化。“化腐朽为神奇”，科学的力量就在于此。

在现代城市中，每年由环卫部门收集、运输的垃圾就有1亿多吨，但是经过处理的只有8000吨，其中真正达到无害化处理的仅占垃圾总量的15%。随着人民生活水平的提高，越来越多的城市被垃圾包围，垃圾已严重影响到人们的日常生活。但是垃圾处理却一直是一个现代社会的难题，存在许多技术与现实中的矛盾，然而北京延庆县却轻松地解决了这个难题。

垃圾变肥

延庆县地处北京的上风上水，拥有八达岭长城等风景区，旅游业是其支柱产业，环境问题尤为重要。传统的垃圾处理只是找一个偏僻的山沟简单堆放。直到1997年，延庆县建成了一个现代化的垃圾处理厂才解决了这一难题。

延庆垃圾处理厂由于实现了工厂化作业，每天能处理100吨的生活垃圾，而且做到了当天垃圾当天处理。延庆垃圾综合处理方法是将垃圾先通过机械和人工分选后分别处理，充分利用了垃圾中的各种成分，避免了二次污染，实现了垃圾的资源化、减量化和无害化。

填埋产生的渗滤液通过污水系统进行处理，垃圾处理的全过程完全无污染

延庆垃圾厂的技术是由中科院热物理研究所与北京博朗公司共同开发的。其核心技术——湿解制肥技术的发明人是中科院热物理研究所的副所长肖云汉，他研究垃圾处理已有五六个年头，谈起当初的发明，他深有感触。

当年，肖云汉考察了

大量国内外垃圾现状后感到各种传统垃圾处理技术存在诸多弊端，而且国外很多技术不适合中国垃圾不分类的国情。传统的垃圾处理方法分为填埋、堆肥和焚烧。由于受经济条件的限制，我国大部分以填埋为主。填埋法占用大量耕地，造成土地和地下水的严重污染，而且填埋过的土地将会变成永久性的废地；堆肥法是将垃圾自然堆放发酵后制成肥料，这种方法耗时长，占地广；焚烧法费用高，容易产生二噁英等有毒物质。中国的垃圾一般不分类，属混合垃圾，用以上3种方法处理不但效率低，而且会造成不同程度的二次污染。经过潜心研究，他终于找到一种能克服传统技术弊端的新方法——湿解制肥技术。

所谓湿解制肥技术是指垃圾经分选后，将可降解有机物送入密闭的湿解反应器，采用蒸汽直接加热，在高温、高压下杀灭病菌并消除恶臭；同时使有机物中的淀粉、蛋白质、纤维、糖类、脂肪等得到降解，成为易被植物吸收的低分子、水溶性有机物，形成一种有益于作物生长的腐殖酸——黄腐酸，最后将这种湿解物经过干燥、筛分后制成有机肥，整个湿解制肥过程只需要两个小时。湿解制肥技术大大提高了制肥效率，这种肥料质量高、无污染，能提高作物产量，已被称为有别于传统的第四种垃圾处

中科院植物所在实验室对垃圾肥进行对比实验

理方法。

在肖云汉之前，谁也没有想过将垃圾进行这样的处理。有了这样的设想，肖云汉便大胆进行尝试。最初的条件很艰苦，没有经费又不被人理解；而且这是一项新技术，没有经验可供借鉴。但他坚信只有搞中国自己的技术才能解决中国的垃圾问题。在博朗公司的支持下，经过不断改进，终于使湿解成为一项比较成熟的技术，从最初的实验到在延庆建立中试厂，一步步走向了成功。这项技术已获得了专利，并通过了建设部科技成果鉴定，在国内引起很大反响。

目前，延庆垃圾厂生产的这种垃圾肥很受欢迎，厂里每天都有远近的农民来运肥。他们觉得这种肥不像化肥那样长期使用会造成土壤板结，而且肥料中还含有各种营养成分，有益于作物生长。用这种肥料种的西瓜在大兴西瓜节上还获了奖。北辰高尔夫球场一向只用进口肥，在试用了垃圾肥后草的绿期更长，树长得更壮。

垃圾治沙

中科院热物理所下一个目标是和中科院植物所合作，准备用垃圾肥治理内蒙古的沙化。

去年秋天，中科院组织年轻所长进行西部考察时，中科院植物所的韩所长巧遇肖云汉。肖云汉介绍了他的垃圾肥项目，引起韩所长极大的兴趣。植物所承担治理内蒙古沙化的国家项目，原来草原的牧草用化肥效果很差。韩所长想，垃圾肥能使玉米长疯，也一定能让牧草长疯。再说内蒙古草原有很多城市，在那里建立垃圾处理厂，既解决了城市垃圾问题，又生产出优质的有机肥，直接用于草原牧草，这真是一举两得的好事，于是植物所与热物理所的合作一拍即合。

滥用化肥使草原的土壤板结，沙化日趋严重

在草原的历史上，牧民很少在牧场上使用肥料。即使使用肥料，也只是用化肥，而化肥本身对土壤有板结作用。牲畜的粪便营养比较全面，但一般作为燃料烧掉了。由于过度放牧和开垦造成土壤有机质含量下降，再加上气候等原因，草原沙化日益加剧。

用垃圾肥治沙目前在国内还是个空白。韩所长对此充满信

心。他认为通过在草原条件较好的地区种草或种庄稼，减轻周围退化草场的压力，是治沙的好办法，而垃圾肥正是准备用在这样的地区，以提高作物产量、改良土壤。当然，用垃圾肥治沙还需要多方面的试验，以确保其保水性和使用效果。这次中科院两个所的首次跨学科的合作，也为科学研究提供了一条新思路。

垃圾分类是根本

虽然肖云汉发明的垃圾综合处理技术符合目前中国垃圾不分类的国情，但从长远来看，垃圾最终还要实行分类，只有这样才能最有效地进行垃圾的处理与利用。

由于受经济条件和观念的限制，垃圾分类工作开展起来有一定的难度。北京目前正在开展试点工作，首批试点选在三义里等小区，但工作进行得不太顺利。实现全民垃圾分类工作必将是一个漫长的过程。

从宏观上来说，减少人们垃圾制造量是控制垃圾不断膨胀的根本办法。如各种物品的臃肿包装无疑在增加垃圾处理的负荷。进行源头减量是标本兼治的好办法。也只有做到了商品的无废生产和物品的重复使用，再加上废旧物资的分类回收，才能减轻垃圾的处理负荷，从而为垃圾的科学治理打下基础。

知识点1：有关垃圾的话题

1. 城市生活垃圾根据不同的物理组合分为可降解物（食品、草木等）、难降解物（塑料橡胶等）、回收物（金属、玻璃等）和填埋物（炉渣等）。

2. 生活垃圾的组成趋于复杂化。塑料及其他高分子聚合物的增多，使填埋方法不能实现高分子聚合物的自然降解，过量接纳这类物质，填埋场将成为永久性废地。

3. 重金属进入肥料后会通过动植物的富积作用，严重影响生态环境和人类的健康。

4. 我国目前化肥平均使用量是发达国家的4倍，但化肥的利用率却偏低。由于多年来过量使用化肥，导致土地中有机质严重不足，从而引起土地沙化，频繁产生沙尘暴。

5. 垃圾焚烧过程中产生的有害气体对大气造成严重污染，特别是二噁英类物质的生成和排放为人们所关注。

知识点2：首个垃圾综合处理示范城——漳州市

垃圾处理问题是一个社会问题，涉及到方方面面，包括资金、观念、政府的支持等。由于肖云汉的垃圾综合处理技术在城市应用尚无先例，许多城市对此抱观望态度，惟有一个敢吃螃蟹的城市——福建漳州市，它是首个垃圾综合处理示范城。

漳州，位于福建省最南部，是一座具有1300多年历史的文化名城。不知从什么时候起北人南移，民族相触相谐，共同创造了这个城市独特的文化韵味。随着城市的发展，垃圾问题也不断困扰着他们。过去漳州人只是将垃圾简单填埋，污水流入九龙江，直接影响市民的生活，市政府终于下决心治理垃圾问题。通过招标，他们选用了中科院热物理所的综合处理技术方案，建设了这座现代化的垃圾处理厂。

2002年1月9日，漳州垃圾厂正式运行，由于是中国第一个城市综合处理示范项目，全国环卫协会在这里召开了现场会。全国各地的代表们来厂参观，若不是门口的牌子，人们误以为到了公园，园林化的设计给代表们留下深刻的印象。

漳州市城市垃圾无害化综合处理厂集焚烧、高压湿解制肥、填埋和污水处理为一体，设备全部国产化，是一个现代化的密闭式综合处理厂。

进厂的原生垃圾经过机械和人工分选，分为可降解和可燃性垃圾，然后分别送到湿解制肥车间和焚烧车间处理。湿解车间负责处理可降解垃圾，日处理能力200吨左右，可以生产各种类型的肥料，可为“鱼米花果之乡”的漳州提供充足的肥料，同时也可以回收垃圾处理厂的部分资金。

焚烧车间负责处理可燃垃圾。采用中科院热物理所开发的硫化床焚烧设备，能很好地控制二恶英的产生。自动化程度很高，整个车间只有5个控制人员。由于实行了垃圾分类，焚烧效率大大提高。焚烧垃圾产生的热能通过收集转换成蒸汽，可为高压湿解制肥系统提供能源。

最后，焚烧产生的炉渣与分选后的固体无机物一起被送填埋厂填埋。填埋物约占原生垃圾总量的15%，大大提高了填埋场的使用效率。填埋场建有垃圾坝，设有导气和雨污分流系统，垃圾堆体经压实、消毒、灭蝇等工序，基本是当日出产，当日清理。

漳州综合垃圾处理厂有效地解决了城市的垃圾问题，该项目现已被选作联合国示范项目，漳州人正在为申请中国人居奖而努力。

漳州市是首个垃圾综合处理示范城，漳州垃圾综合处理厂采用园林式结构，到这儿的人们误以为来到了公园

走向21世纪的高性能气垫船——陆地行舟

你听说过陆地行舟吗？要是在100年前，那是“天方夜谭”，可在高科技的今天它已成为事实。笔者不但见过陆地行舟，而且还亲自坐过这种既会水中行，又能在陆上走的船，它叫做全垫升气垫船。坐在这种船上的感觉到十分奇妙，在水中航行时有坐汽车的感觉，在陆地上走时仿佛在坐船，从水面到陆地登滩时似乎在乘飞机。它是当今旅游最为理想的交通工具。

全垫升气垫船，它是穿着一种特殊“围裙”的船。它的工作原理很独特，利用船上的大功率风机将空气吹入船底，由于四周边用“围裙”封闭住了，空气不致外逸，从而在船底与水面之间形成气垫，使船体垫升起来，船在水中航行时几乎不受水的干扰和阻力的影响，而只需克服空气的阻力向前进。众所周知，水的密度比空气大800倍，在同样的航速下空气阻力与水的阻力相比是微不足道的。为此，气垫船的航行速度比一般排水型船快得多，可以达到80节，相当于一般轮船速度的4～5倍。

希腊海军接受第1艘“贼鸥”级气垫登陆艇，希腊海军从俄罗斯和乌克兰购买了4艘“贼鸥”级登陆艇。该艇主要用于对东爱琴海岛屿进行快速两栖补给。其运载能力为140名武装人员和3辆“豹”式主战坦克，或8辆M－113装甲运兵车，或500名武装人员

让船行驶得更快，是造船专家梦寐以求的目标。也许有读者会问：为什么不能把船舶发动机的马力不断加大，想让它跑多快就跑多快？要回答这个问题需从排水型船的航速谈起。排水型船航行时的阻力除了船体与水的摩擦阻力外，还有兴波阻力，前者是由于水的黏性引起的，后者是船航行时产生的波浪引起的。当船舶低速航行时，航行波浪不大，兴波阻力较小，随着航速增大，兴波阻力也不断增大。兴波阻力的增大比航速增大快得多，它是与速度的三次方成比例的增大。也就是说，船舶提高航速必须克服水的阻力，而所需要的推进功率与航速的三次方成正比增加。例如，将某艘船的航速从10节提高到30节时，推进功率需要增加到

原来的27倍。由此可见，一味靠增加推进功率来提高航速在经济上得不偿失，因而排水型船航速的提高是受限制的。这也就是造船专家梦想着使船舶“飞”起来的根本原因。

全垫升气垫船的外形很特别，走近细看，你会吓一跳，这是个什么怪物？说它像船，它的发动机不在船舱里，而裸露在背部；说它像车，它又没有轮子；说它像飞机，它却没有翅膀。可是你千万别小看它，这个“三不像”的本领可不小。它的最大本领是两栖性，既能陆地走又能水上行，与同样具有两栖性的水陆两用坦克、水陆两用的装甲车相比，全垫升气垫船下水、登滩、上岸及水上航行的速度比它们快得多，如果比试一下，就像兔子与乌龟赛跑一样。它的另一个本领是越障能力强，半米多高的障碍物，或一米宽的沟、壑，它开足马力可以一跃而过，实现软着陆。观者无不惊叹，而坐在气垫船上的人则安然无恙，只不过感觉到像坐汽车时轮胎被一颗大石子硌了一下的颠簸。最神奇的本领莫过于飞越沼泽地了，那是车进不去、船无法行的鬼地方。大家都看过红军长征过草地的影片，红军战士又冷、又饿、又累，陷入淤泥不能自拔，战友无法互救，为此牺牲了不少战士。而对全垫升气垫船来说，它可找到了英雄的用武之地，只听见电动机轰响，船底四周围裙鼓起，船身轻飘飘擦地而过，任你四处飘游，就像航行在水面上一样自由自在，把淤泥服服贴贴压在船底下。如果你坐在气垫船上，一定会感到神奇而兴奋，现代高科技终于征服了神秘的草地沼泽。

70客全垫升气垫船

全垫升气垫船为什么会有那么大的本领呢？主要是它有一个可爱的气垫。其中的奥妙在于控制好气垫的压力即“脚印”压力，一般把它调整到每平方厘米0.02～0.04千克，只相当于人的脚底负荷的1/3至1/6（一般成人脚印压力约在每平方厘米0.12千克左右）。难怪它不致于陷入淤泥。如果形不成气垫，它将寸步难行。为此，垫升系统是建造气垫船的关键。首先，造船专家要选择一台可靠性好、效率高、功率巨大的风机，这已并非难事。而“围裙”的研制却令专家们大伤脑筋，这是一条高科技的“裙子”，因为经典的船舶设计规范不能用，专家们只能通过反复试验来获取合理的设计参数。“围裙”的研究设计，涉及气弹性和水弹性动力学方面的理论，“围裙”的结构形

式、气垫放气和风扇进气的控制等方面的问题。直接影响形成气垫有三要素：气垫的长宽比、压力和流量，如果设计不当，很容易产生令人讨厌的蹦蹦跳跳的“鹅卵石效应”。做“围裙”用的布也很特别，要求十分结实、耐磨、强度高，还要能够抗冲击和耐盐蚀等恶劣环境。专家们经过几十年艰苦努力，同时经过试用和不断改进，终于为全垫升气垫船缝制了囊指形和多囊形两种流行“围裙”，从而使全垫升气垫船从研究阶段跨入了工程实用阶段。由此可见这条“围裙”价格的昂贵，真可谓一裙值万金！

驾驶气垫船也不是一件容易的事，熟练的汽车、飞机驾驶员也不可能一下子驾驭它。因为全垫升气垫船在水面航行时，由于气垫的存在，比常规船舶受风及海浪的影响大，所以操纵装置和方式也有所不同。全垫升气垫船通常在船尾安装空气舵，为了提高舵效，它被安装在空气螺旋桨或辅流装置的后部或出口处，操纵效果的大小取决于舵面积和空气经过它时的流速。另一种操纵方式是有两个推进器安装在船体中心线对称的两侧，利用它的推力差来操纵，这种装置不会产生较大的侧向力，但在低速时可产生较大的偏航力矩。起初，由于缺乏实践经验，国内外的气垫船在使用中出现过不少事故，有的气垫船埋首倾覆，有的发生火灾、爆炸，有的碰撞搁浅等。据说，美国在发展气垫船过程中，为了培训驾驶员，引入了F－16飞机的自动模拟装置并加以改进，以适应气垫船的操纵特点；同时，还按操纵性方程原理，研制了半自动操纵系统，以便顺利地进出船坞舰。

全垫升气垫船从它诞生之日起，就受到了军方的青睐。根据现代战争的特点，军

方对全垫升气垫船的两栖性、越障性、快速性特别感兴趣。采用这个原理制成交通运输艇，穿梭往来于岛、礁之间，因为它不怕搁浅与触礁。把它制成登陆艇更能发挥其优势，因为使用常规登陆艇或登陆舰进行登陆，受制因素较多，只能浅滩登陆而不能上岸，全垫升气垫登陆艇不受海滩坡度、地质、海流、潮汐等影响，可以直接上岸；如果敌方在浅滩处设障或埋上水泥柱子，常规登陆舰艇靠不了岸，一筹莫展，而全垫升气垫登陆艇则可以快速飞越；而且全垫升气垫船无需建设庞大而昂贵的码头设施，不仅经济性好，机动性也好。因此，采用气垫登陆艇可以扩大登陆地段的选择，出其不意进行登陆，使敌人防不胜防，把常规登陆艇滩头登陆率从17%提高到80%以上，并能减少登陆作战的伤亡，这是继直升机引入登陆作战后的又一重大突破。目前，世界上有6个国家海军有气垫船服役。美国宇航公司1982年开始建造全垫升气垫登陆艇，迄今为止美国海军已采购91艘，主要用于登陆作战，其中有8艘用作反水雷战艇。美国曾在1991年海湾战争及后来的索马里、海地冲突事件和为孟加拉国救灾过程中使用全垫升气垫登陆艇，都十分成功，被誉为现代登陆艇的佼佼者。

全垫升气垫船在民用方面发展迅速，已被广泛应用于高速客运、交通旅游、油田运输和勘察、钻探工作及抢险救灾、紧急救援等。仅就高速水运而言，世界上有40多个国家和地区拥有三百多艘各型气垫船，其中，英国、意大利、俄罗斯、北欧等气垫船高速客运已十分普及，特别是著名的英吉利海峡气垫船轮渡，这里有世界上最大的全垫升气垫轮渡船，船重达325吨，可载客424人，汽车60辆，自1959年7月5日首航成功以来，至今每年运送旅客200多万，汽车40多万辆，占该航线运输总量的1/3以上。20世纪80年代初，我国气垫船营运航线也有较大发展，陆续开辟了一些航线，如上海至崇明、重庆至宜宾、重庆至涪陵、重庆至泸州的快速客运。由于全垫升气垫船的船型新颖，因此乘坐全垫升气垫船本身就是一项十分吸引人的特色旅游节目。读者如果有兴趣，到黄河旅游区去乘坐“郑州号”气垫船畅游黄河，也是一件乐事啊！

“海洋一号”卫星

“海洋一号”卫星设计使用寿命两年，它沿太阳准同步圆形轨道，每天绕地球飞行14圈多，主要应用于我国的海洋监测和资源开发

历时6年、由我国自主研制的第一颗　“海洋一号”卫星于2002年5月15日发射升空。

2002年5月29日上午9时至9时12分，“海洋一号”卫星发回第一张清晰的图像。

“海洋一号”卫星的顺利升空，圆了我国海洋工作者的梦。

它如同一只运行于茫茫宇宙中的“电子眼”，时刻观察和记录着我国辽阔海域的无穷变化。

卫星小本领大

2002年5月15日上午，中国太原卫星发射中心。

在无数人的注视下，“长征4号”乙火箭从发射场拔地而起，搭载着我国自主研制的两颗卫星冲向太空。这两颗卫星一个是“风云一号”气象卫星，另一个则是“海洋一号”卫星。我国第一颗海洋监测卫星——“海洋一号”卫星的顺利升空，使我国海洋工作者期盼拥有一颗自己卫星的梦想成为现实。

“海洋一号”卫星是一颗小卫星，一般同大卫星一起搭载发射，不能直接进入自己的轨道。2002年3月，记者在“海洋一号”卫星发

射前，采访了该卫星的总设计师张永维。他介绍说，国际航天界通常称发射重量在1000千克以下的卫星为小卫星。由我国航天专家研制的“海洋一号”卫星的重量只有365千克，它不同于传统意义上用于实验的小卫星，它是试验业务型的现代小卫星。它虽然没有大卫星的综合应用功能强，但它的成本低、研制周期短，具有功能密集度高，高新技术应用快等特点，有着大卫星不能替代的优点。发射升空后的“海洋一号”卫星设计使用寿命为两年，它将沿太阳准同步圆形轨道，每天绕地球飞行14圈多，主要用于我国的海洋监测和资源开发。它如同一只运行于茫茫宇宙中的“电子眼”，时刻观察和记录着我国广阔海域的变化。

现在我国所管辖的海域面积有300多万平方千米，相当于陆地面积的1/3，然而，长期以来，我国对海洋监测主要依赖分布于沿海港口、岛屿的各海洋监测站。由于这些监测站受地理位置条件的限制，对我国一些近海海域的监测往往是鞭长莫及，这不仅影响了我国对海洋灾害的及时预报，造成了巨大的经济损失，而且海洋的研究开发和利用也受到了制约。

20世纪80年代，我国增设了飞机和船舶对海洋进行监测，取得了很大的社会和经济效益，但这种监测手段对像赤潮这种突发性事件来说很难奏效，对大面积海洋油污染进行普查也难以实现，如果碰上台风等恶劣天气，飞机、船舶将无法正常工作。

到了20世纪80年代末，我国相继发射了资源卫星和气象卫星，海洋学家对它们寄予厚望，然而气象卫星监测的主要目标是云和雾，与海洋的环境差别很大，而资源卫星对同一海域的覆盖周期需要16天，无法对瞬息万变的海洋要素随时进行监测。由于这些监测手段的不完善，导致一些海洋灾害的危害程度加大，影响了沿海人民的正常生活。

据统计，我国沿海人口占全国总人口的40%，而土地只占全国面积的13%，沿海的渔民大多数依靠沿海养殖来发家致富，但频繁的灾害常常使他们的希望破灭。1998年在我国渤海发生的赤潮灾害使当地养殖业蒙受了3亿多元的损失。现在渔民多采用网箱养殖的养鱼方式，如果提前几个小时能得到赤潮信息，就能挽回许多损失，

据了解，从20世纪90年代以来，我国近海赤

从20世纪90年代以来，我国近海赤潮频率加大，10年间累计发生二百多起

潮发生频率加大，10年间累计发生两百多起，仅1996年到1999年3年间，能记录到的较大规模的赤潮就达45起，共造成经济损失超过20多亿元。

海洋灾害对我国频繁袭击，引起了党和国家的高度重视。1996年3月，我国国家海洋局成立了海洋卫星总体部，主要任务是负责海洋卫星的综合论证及立项申报工作，1997年6月，我国正式立项研制海洋卫星，由中国空间技术研究院承担此项研制任务。

海洋水色扫描仪和数码相机

历经两千多个日日夜夜，数百名科研人员参与了研制“海洋一号”卫星的攻关工作，其中，攻关的重点主要集中在卫星上装载的两台重要设备——海洋水色扫描仪和数码相机上，这两台设备将真正承担我国辽阔海域的监测任务。

海洋水色扫描仪是根据影响海水的要素的特点设计的。海洋水色要素包括叶绿素浓度、悬浮泥沙含量、黄色物质、海洋污染物等。世界上许多海区都因水色而得名，如黄海、红海、黑海等。由于海水的海洋水色要素成分各异，因此，它们对太阳光的吸收反射也不尽相同。卫星上的水色扫描仪可以随时捕捉到这些不同的信息，海洋科学家将接收到的这些信息与同一海域过去的水色要素相对比，通过研究分析，就能迅速了解海洋中发生的变化。

对于渔民谈之色变的赤潮，水色扫描仪也能明察秋毫。因为赤潮发生时一般都会引发水体变色。卫星在太空中，第一时间里就能遥测到这一信息，并及时预报，让人们在它刚一发生时就进行防范和治理。水色扫描仪的应用远不止此，它还可以监测近海海域的海水污染和石油污染，它可以根据海水中叶绿素浓度指导海洋捕捞。那么，海洋水色扫描仪又是如何完成监测任务的呢？

为了清楚地了解水色扫描仪的工作程序，海洋科学家打了这样一个比方：通过海洋卫星地面接收应用系统，科技人员监看卫星传回来的信息，就和电视观众在电视机前收看正在现场直播或录播的足球比赛差不多。在足球比赛现场，摄像机把摄取的图像信号转化为电信号，通过一定的设备传给卫星进行直播或传回录像机进行录制。与此相类似，海洋卫星则是通过水色扫描仪，扫取科学家所需要监测海洋的水色要素二维图，把它转化为电信号，当卫星经过地面接收站时，进行同步传送，当卫星超出地面接收系统范围时，卫星把信

由于海水的海洋水色要素成分各异，因此，它们对太阳光的吸收反射也不尽相同

卫星地面接收应用系统

号存放在存储器中。与电视机把足球比赛的电信号转化为电视图一样，地面接收应用系统把卫星传回来的信号进行处理。这样，科研人员就可以像看电视那样，同步观看海洋中的变化信息。

然而，要使这些信息真实反映海洋水色要素的变化并不是一件容易的事，因为宇宙环境变幻莫测，卫星升空后，里面装载的仪器设施任何细小的变化都有可能导致卫星监测功能出现偏差。为了确保万无一失，保证"海洋一号"卫星能够按计划发射，中国空间技术研究院的专家们在地面上不知进行了多少次太空模拟试验。最令他们难忘的就是2001年5月的大型热平衡实验。热平衡试验是太空模拟试验的一个重要环节，它是把卫星置于一个真空罐中，真空罐完全模拟卫星所处太空中的环境，里面的温度有时在100摄氏度以上，有时在零下四十多摄氏度以下，其目的是要检测卫星在这样的环境中能否正常工作。试验结果令人意外，问题恰恰出在了大家倾注了太多心血的海洋水色扫描仪上。

卫星正在接受大型热平衡实验

自从20世纪80年代

“海洋一号”卫星发射升空后经过7次变轨，成功进入798千米设计运行轨道，运行情况良好

以来，我国一批年轻专家就开始着手研究水色扫描仪，在起步较晚、没有任何国外资料可供借鉴的条件下，他们完全依靠自己的智慧将水色扫描仪研制出来，并多次经受住了飞机搭载试验的考验。但是，在这次最关键的试验当中，水色扫描仪却暴露出了致命的问题，原定发射计划被迫推迟。问题到底出在哪儿？科研人员通过仔细观察检测发现，原来，水色扫描仪在真空罐中发生了材质变形，装有扫描镜的轴承被卡死。他们认真分析故障原因，经过多次实验，终于找到了解决办法。2002年2月，“海洋一号”卫星再一次接受了热平衡试验，试验中，水色扫描仪没有出现任何故障，卫星的各项性能指标都很正常。

正在太空中运行中的“海洋一号”卫星上，除了水色扫描仪以外，还装载了一台数码相机，相机由4个镜头构成，这4个镜头几乎在同一时刻对地面进行照相，获取我国有关港口、港湾悬浮泥沙分布规律的信息，为港湾治理提供基础数据。

据统计，仅黄河每年就向海洋倾注约12亿吨泥沙，我国的黄海、渤海区域饱受黄河泥沙冲淤之苦，然而，长期以来，我国对类似这些海域的监测，主要采用的是船舶现场调查形式，但这样获取的数据不能全面反映港区和邻近海域悬浮泥沙的移动分布规律和时空分布特点，做出的论断常常不够科学。而“海洋一号”卫星恰好能获取大量同步的、宏观的有关泥沙分布的信息。

“海洋一号”卫星2002年5月15日在太原卫星发射中心发射升空后，经过了7次变轨，成功进入798千米的设计运行轨道，卫星运行情况良好，星上各系统工作正常。

数码相机的工作状态

彗星捕手

在广袤的宇宙中，地球并不孤独，常有不速之客打破夜空的宁静，彗星是其中最神秘的一员。有些人用自己毕生的热情去等待它们、追寻它们、捕获它们。这些人就是“彗星捕手”。一个名叫张大庆的普通工人，用自制的天文望远镜，捕获了一颗新的彗星，国际天文联合会将这颗彗星正式命名为“池谷－张”彗星。张大庆成为全国天文爱好者中第一个“彗星捕手”。他为中国天文学史谱写了新的一页。

张大庆，我国河南开封市的一个普通工人，生活中一个最平凡的人。他从十几岁就开始自己的捕星生涯。他经常一个人深夜看星星，家里人常常为他担心，劝他放弃，可每每又拗不过他的执著。经过多年的艰苦努力，张大庆终于捕到了彗星，也收获了幸福。2002年5月1日，他找到了人生伴侣，在今后的捕星生涯中，他又多了一位知心爱人。

2002年2月1日，一个看起来平淡无奇的黄昏，张大庆像往常一样，来到了黄河大堤上的观测点。19点15分，在西南方向低空鲸鱼座出现了一个朦胧的云雾状天体。鲸鱼座，是春季我国上空常见的星座之一，它拥有8颗肉眼可见的星星，对于这8颗星张大庆如数家珍，但对于这个新出现的陌生天体，他却从未见过。张大庆立刻意识到可能遇见彗星了，于是他马上通过寻星镜定位，并且打开星图对照，星图上根本没有这颗星。就这样，凭借对天文学的无比热爱，用自制的天文望远镜，张大庆发现了一颗新的彗星，他因此成为全国天文爱好者中第一个“彗星捕手”，为中国天文史谱写了新的一页，为广大的天文爱好者圆了一个梦。

我国是最早记载彗星出现的国家之一。早在公元前613年，即鲁文公十四年，在一本名为《春秋》的书上就有这样的记载：“秋汉月，有星孛入于北斗”，这说明历史上大名鼎鼎的哈雷彗星，在我国古书中早有记载，但由于没有进行深入地跟踪研究，近两千年过去后，这颗由中国人最早发现的彗星竟被冠上“哈雷”这个英国人的名字。

用发现者的名字为彗星命名，是国际天文联合会给予彗星捕手的最大荣耀。当然，不是所有人都能获得这种殊荣，发现者只限于向国际天文联合会天文电报中央局申报的前三人。张大庆急于为自己的发现求得科学的认证，他马上通过中国科学院国家天文台的朱进博士向国际天文联合会天文电报中央局申报。可是，有个日本人还是比张大庆早了一步。这个人叫池谷熏，它是全世界天文爱好者心目中的英雄。1965年，那颗比月亮还要亮的“白昼大彗星”就是他发现的，这次他比张大庆快了1个多小时。池谷熏之所以比张大庆发现得早，主要是时差造成的。地球由于自转的缘故存在一定的时差，池谷熏所在的日本，太阳下山的时间比我国早1小时，所以，日本的观测者比中国的观测者更早地发现了这颗彗星。国际天文联合会发出了第7813号通报，正式命名这颗彗星为“池谷－张”彗星。

张大庆的这次发现对中国天文史的发展具有深远的影响，他的行为激励了很多天文爱好

历史上大名鼎鼎的哈雷彗星，在我国古书中早有记录

一个名叫张大庆的普通工人，用自制的天文望远镜，捕获了一颗新的彗星

日本人池谷熏

者。目前世界上每年能够发现的彗星数量大概不超过10颗。为了争夺这不足10颗的彗星，全世界的观测者各显神通。

其实，捕捉彗星十分困难。在竞争中获胜需要运用很多科学知识，比方说对观测时间和地点的选择。观测者们要选择比较好的天气，一般在没有月亮的时候，像阴历初一前后才有可能发现彗星。这一次张大庆发现彗星的地点是在开封的黄河岸边，这里人迹罕至，能够避免灯光与月光的干扰，是张大庆的一个固定观测点。他在这里度过了很多不眠之夜。除了野外观测点外，冬天的时候，张大庆还租了几间荒僻的民房，近10年来，在月缺的夜晚，他几乎没有睡过一个整觉。

张大庆是中国第一个发现彗星的业余天文爱好者，在他之前，曾有5个国内专业的天文学家捕捉到过这种美丽的天体。随着天文学研究的深入，专业设备已经非常精良。先进的天文望远镜可以看到数百万光年以外的天体的活动。科学家们甚至尝试发射卫星和太空船，深入彗星尾部，收集它散发的气体和尘埃。

科学家指出，张大庆的成功是手工业对现代科技的一次险胜，天文爱好者们捕捉彗星应该学习更好的方法。张大庆的天文望远镜镜片是他亲手磨制的，做镜片的关键在于设计一个精巧的抛物线面，把满天的星光聚到一点。磨制镜片的方法是靠他大量的实践，逐渐摸索出来的。张大庆磨制第一块镜片是在1987年，距今已有15个年头，这块镜片现已变形，不能再用了，可他一直保存至今。张大庆对它充满了感情，就是靠这些用心血磨出的镜片，张大庆捕到了这颗彗星。彗星究竟是什么？它那美丽的尾巴从何而来？这要从它的形成说起。天文学家相信，在太阳系外围，存在带状的“太柯伊伯带”和球形的“欧特云”围绕着太阳系，那就是彗星的故乡。成千上万的彗星聚集在那里，当太阳离它近时，它的重力场会引发彗星活动，有些彗星会乘机离开柯伊伯带或欧特云，其中少数彗星会进入太阳系，在适当位置时会被我们发现。

看上去无比绚烂的彗星中其实只包含3种物质：干冰、富含氨的有机土和太阳系形成时的原始化合物，这3 种物质混合后就成了彗星。

彗星一生多数时间只是一个沉默的冰团，只有接近太阳温度升高时，它才开始“表演”，从它的裂缝中喷出大量的水、气体和尘粒，离开太阳之后，随着环境温度降低，它又渐渐沉寂，所以，彗星的亮度有一个从暗到亮再到暗的过程，离太阳越近亮度越大。

天体的亮度分若干等级，越明亮的天体等级越低，比如我们熟悉的月亮，其亮度是−12级，一般来说8级以上的星星人类用肉眼是根本看不到的。“池谷−张”彗星被发现时，只有不足8.5级的亮度，也就是说这颗彗星是隐没在夜空的时候被张大庆捕获到的，他凭借的是多年积累的天文学知识。大多数彗星被捕获时都在日月之间徘徊，也就是说，当它与太阳、月亮成一定夹角，刚刚露脸时是捕获它的绝好时机。天文学家认为，在太阳下山之后、月亮出现之前，是捕获彗星的最好时机。另外，观测彗星还必须了解他们的变化周期，因为彗星的亮度有一个渐变过程，好的彗星捕手，应该在它们的亮度刚刚达到望远镜观测范围时一举捕获。

很久以前，当人类对天文学还处于蒙昧阶段时，很多人

张大庆的天文望远镜片是他自己磨制的

相信，美丽的彗星会带来灾祸，东西方各种文明史的书籍中都有过类似的记载。现代天文学家认为这是人们对于彗星不甚了解的缘故。要了解彗星，首先要了解它的运行轨道，早在公元17世纪，哈雷就推算出一颗彗星的轨道，并正确预言76年后，这颗彗星还会回来。他的方法是依靠多次观测，累计出很多点，再把这些点相连起来，绘制成曲线。

现代科学家们发现，并不是每一颗彗星都会回来。彗星的轨道可能是椭圆形或抛物线，也可能是双曲线。如果是椭圆形轨道，彗星绕太阳转一周后会再回来；如果是抛物线或双曲线轨道，彗星实际进入太阳系仅一次，因此彗星不会再回来。根据成千上万的观测者提供的数据和科学家们进行的分析计算，确认“池谷－张” 彗星有一个椭圆形轨迹，说明这颗彗星会再回来，不过那是341年以后的事了。

有趣的是，科学家们在中国古代的天文记载中发现，1661年，清朝顺治年间，曾有过对这颗星出现的记录。遗憾的是“池谷－张” 彗星再来的时候，我们都无缘看到。但是相信，这颗彗星可以穿越时空，把人们对天文学的热爱传递下去。

知识点：彗星

彗星是绕着太阳旋转的一种星体，通常在背着太阳的一面拖着一条扫帚状的长尾巴，体积很大，密度很小。天文学家相信，在太阳系外围，存在带状的“柯伊伯带”和球形的“欧特云”围绕着太阳系，那就是彗星的故乡，成千上万的彗星聚集在那里。

当太阳离它近时，它的重力场会引发彗星活动，有些彗星会乘机离开欧特云，其中少数彗星会进入太阳系，在适当位置时会被我们发现。

彗星由3种物质组成：干冰、富含氨的有机土和太阳系形成时的原始化合物。

彗星一生多数时间只是一个沉默的冰团，只有接近太阳温度升高时，它才从裂缝中喷出大量的水、气体和尘粒，离开太阳之后，它又会渐渐沉寂，所以，彗星的亮度有一个从暗到亮再到暗的过程，离太阳越近亮度越大。

用发现者的名字为彗星命名，是国际天文联合会给予彗星捕手的最大荣耀。发现者只限于向国际天文联合会申报的前三人。

我国河南开封市工人张大庆和日本人池谷熏于2002年2月1日分别发现了同一颗新彗星。国际天文联合会发出第7813号通报，将这颗彗星正式命名为“池谷－张”彗星。

“池谷－张”彗星有一个椭圆形轨迹，它绕太阳转一周后会再回来，不过那是341年以后的事了。

天文学家认为，太阳下山之后，月亮出现之前，是捕获彗星的最好时机。

“池谷－张”彗星有一个椭圆形轨迹，说明这颗彗星会不断地重复自己的路，其周期是341年

火火的“中国芯”

上海和北京，几乎同时宣布各自在集成电路芯片制造领域取得重大进展。同时，深圳、山东、天津、成都、浙江等地也有不少芯片制造企业成立的消息传来，中国芯片制造业呈现出蓬勃发展的局面。

“中国芯”

大规模集成电路是信息产业的核心，是推动国民经济和社会信息化发展最主要的高新技术之一。建立在集成电路技术进步基础上的全球信息化、网络化和知识经济浪潮，使集成电路产业的战略地位越来越重要，对国民经济、国防建设和人民生活的影响也越来越大。

近年来，世界信息产业得到高速发展，集成电路产业一直以3～4倍于国民经济增长的速度迅猛发展，据统计，1998年世界电子产品市场销售额突破了10 000亿美元大关，超过了汽车、钢铁、石化等产业。到2000年世界半导体市场的总销售额达到1 700亿美元。新技术、新产品也不断涌现，现在已成熟应用0.13微米技术，正在向更微细过渡。目前，世界最高水平的单片集成电路芯片上所容纳的元器件数量已经达到80多亿个。

跨入新世纪，全球IT产业和半导体芯片产业的发展却因预期过高反而速度放缓，国际组织认为，由于美欧IT业衰退，未来两年内，欧洲地区半导体工业设备市场可能会陷于停顿，销售额将会维持在65亿美元左右，全球半导体设备及材料行业的发展目光将转向亚洲。

我国集成电路起步并不晚，在世界上于1958年诞生第一块半导体集成电路之后仅7年，1965年我国已鉴定了第一块集成电路，但在这之后的30年间发展缓慢，与世界发达国家和地区的差距愈拉愈远。但是到了“九五”计划期间，发展又加快了步伐。经过908、909等国家重大工程的技术改造，尤其是国家909工程的胜利完成，建成了我国第一条设计线宽为0.35微米的8英寸芯片制造线，从此缩短了与世界先进水平的差距。

到目前为止，我国集成电路产业已经初步形成了由7个芯片生产骨干企业、十几个封装厂、近百家设计公司（中心），以及若干个关键专用材料和设备制造厂构成的产业群体。芯片生产技术已达到8英寸、0.35微米水平。世界最大的芯片设备制造商——美国应用材料(Applied Materials)公司的董事会主席摩根指出，许多大公司都在中国进行了重大投资。他说：“中国的市场规模已经达到临界点，腾飞在即。”

中国芯片市场的活力在全球半导体产业增长迟缓的大环境下，尤显其吸引力。目前国内北京、上海等地正在大大加速半导体产业发展的进程，北京市将逐步建成20条左右大规模高水平的芯片生产线、200家高水平的集成电路专业设计公司和20家芯片封装测试厂，由此确定北方微电子产业基地在全国乃至全球范围内的地位。而上海到2004年已有华虹NEC8英寸0.25～0.35微米，上海先进的5～6英寸0.6微米，上海贝岭的4英寸0.8～1.2微米等生产线，并计划到2015年成为世界最大的半导体制造、封装、测试基地。可以预见，半导体产业基础平台的建立，将为全面提高我国IT产业水平打下一个良好的基础，并大大增强我国在全球芯片市场上的竞争力，为下一步追赶世界先进技术水平提供条件。

中国正在向着成为世界微电子生产基地大步迈进。

芯片的制作

集成电路技术发展的主要趋势是提高单块芯片的元件密度，特别是减小晶体管图形的几何尺寸和电路图形的最小线条宽度，使得单块芯片上能容纳更多元件。随着超大规模集成电路集成度的提高，芯片面积不断增大，线宽越来越细，硅单晶抛光片的直径不断增大，单位制造成本也随之降低。那么，芯片是怎么制成的呢？

首先从由纯净硅制成的大型圆柱状硅晶体即硅锭上切割下薄的硅片用于制造计算机芯片。然后进行硅片镀膜：大家都知道硅是个绝佳的半导体材料，电子在晶体管中流动时难免会有电子流失，所以在硅中插入一层绝缘体就可以有效地阻止电子的流失，这种绝缘体材料和硅自然是越接近越好，所以二氧化硅就成为理想的选择。在硅片表面增加一层由二氧化硅构成的绝缘层，随后在其上镀上一种称为“光刻胶”的材料，它是一种暴露在紫外光下时会变软、变黏可溶解的物质，用于在芯片制造过程中帮助形成电路图案。

硅 锭

然后就是光刻掩膜，在芯片制造过程中使用的掩模就像是模板。我们将掩模贴放在光刻胶的上方让掩模和硅片曝光于紫外线，在紫外光的照射下，掩模会在微处理器的每一层制出各种各样的电路图案。这种类似照相工艺的方法叫做光蚀刻法。

刻蚀实际上是一种非常古老的工艺。几个世纪以前，该工艺最初是被艺术家们用来在纸上、纺织品上甚至在树木上创作精彩绘画的。现在这古老的工艺被用到了最前沿的科技产品制作上。

我们采用一种溶液将光线照射后完全变软变黏的光刻胶“块”除去，这就露出了其下的二氧化硅，然后有选择地去除材料的某些部分来形成芯片上各层的电路图案。对每层电路都要重复该光刻掩模和刻蚀工艺，在微处理器的生产过程中，照相刻蚀工艺可以依照电路图形刻蚀成导电细条，其厚度比人的一根头发丝还细许多。

接下来我们从硅片上已暴露的区域开始，首先倒入一化学离子混合液中。这一工艺改变掺杂区的导电方式，使得每个晶体管可以通、断并携带数据。将此工艺一次又一次地重复，以制成该芯片的许多层。不同层可通过开启窗口连接起来。电子以400兆赫以上的速度在不同的层面间流上流下，窗口是通过使用掩膜重复掩膜、刻蚀步骤开启的。窗口开启后就可以填充它们了。窗口中填充的是种最普通的金属——铝或铜。终于接近尾声了，我们把完工的晶体管接入自动测试设备中，这个设备每秒可作一万次检测，以确保它能正常工作。在通过所有的测试后必须将其封入一个陶瓷的或塑料的封壳中，这样它就可以很容易地装在一块电路板上了。

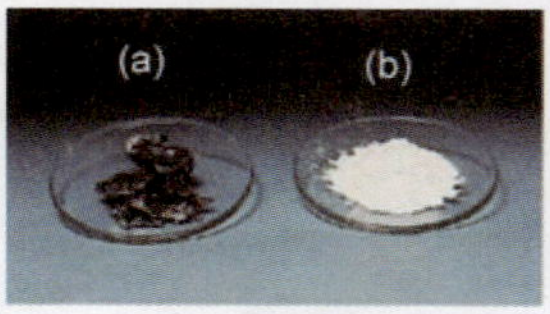

尽管微处理器的基本原料是沙子（提炼硅），但工厂内空气中的一粒灰尘就可能毁掉成千上万的芯片。因此生产芯片的环境需要非常干净。事实上，工厂中生产芯片的超净化室比医院内的手术室还要洁净1万倍。“一级”的超净化室最为洁净，每立方英尺只有一粒灰尘。在著名芯片制造商Intel的芯片制造厂里，员工们都穿着特殊的称为“兔装”的工作服。兔装是由一种特殊的非棉绒、抗静电纤维制成的，它可以防止灰尘、脏物和其他污染损坏生产中的计算机芯片。在制造车间里，技术专家们切割硅片，并准备印刻电路模板等一系列复杂程序将硅片变成了一个半导体，把成千上万个晶体管集成在芯片上。

大规模集成电路是信息产业的核心，是推动国民经济和社会信息化发展最主要的高新技术之一。

目前，国际半导体市场的发展已进入新的高潮，在中国也掀起了芯片产业发展的热潮。

就此话题，中央电视台《公众与科学》栏目请来了中国科学院、中国科协、清华大学以及《计算机世界报》的嘉宾与现场的观众朋友们进行了一次关于芯片的交流。

芯片是什么

主持人：首先我想请问一下我们的观众朋友，芯片到底有哪些用途？

观众：像咱们的电视机、电脑、手机，还有咱们的电话等等，有一些工控机，还有大型计算机里面都有芯片。芯片还可以用在VCD、电子表以及许多家用电器中。

主持人：李教授，有的人说搞芯片研究是非常枯燥的事情，您这一生就干这一件事情，会不会觉得特别的烦呢？

李志坚（中国科学院院士、清华大学教授）：不会。为什么不会感到枯燥呢？一个原因，它的意义特别大！你回到家里看看有多少芯片，就像刚才那位朋友讲的，非常多；第二是它的挑战性也很大，搞科学的人最喜欢挑战了。

主持人：三位专家能不能描述一下芯片在自己心目中的位置呢？

孙定（计算机世界报社副总编）：在人类历史上都是用材料作为时代的标志，比如最早是石器时代，后来发展到铜器时代，再往后是铁器时代。我们这个时代叫什么，叫硅器时代，我们这个时代的标志性材料是硅，我们在硅上做出集成电路。这是我们时代文明的一个基础，一个标志。

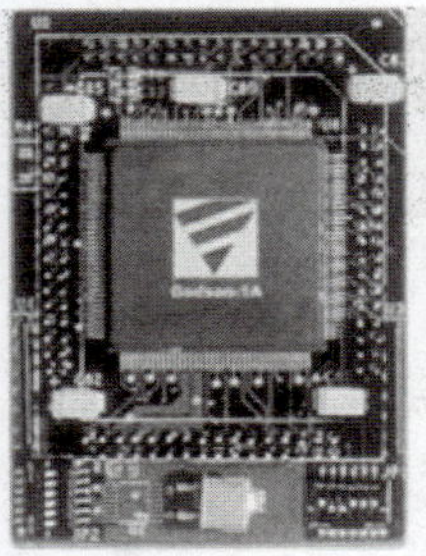

袁振光（中国科协办公厅主任）：在信息时代，实际上整个人类的所有的活动，无论是农业、工业、工作甚至于打仗，它都是一种信息的生产，信息的传输，信息的加工。而芯片恰恰就能够储存和处理信息，所以它就成为这个社会的一个个细胞。

程京教授（清华大学生物芯片研发中心主任）：一句话概括的话，我认为芯片在我们当今的生活中已经是不可或缺的。

观众（小朋友）：世界上最老的计算机，它有没有用到芯片呢？

李志坚：我知道的最早的计算机，是20世纪50年代以前的，用到的是鼓，就是膜。鼓一样鼓起来叫它1，推下去叫它0，后来就变成电子管的计算机。所以计算机比芯片要早。

主持人：李院士，大家说了这么半天，那么芯片的确切定义是什么呢？

李志坚：集成电路芯片主要就是集成有一定规模的、有一定功能的电子电路到一个微小的硅片上面去。

芯片在发展

观众：我想问一下，现在整个CPU的市场都已经非常成熟，“龙芯”加入CPU市场的竞争想取得什么优势恐怕是不太可能的，你觉得研究它的意义到底在什么地方？

李志坚：我讲一下个人的意见，CPU这个东西要不要自己做，争论很大。我的看法是一定要做，为什么？太重要了。国防上是绝对不能用外国芯片的，芯片一定要自己做，哪怕是286。

观众（小朋友）：将来电脑会不会超过人脑呢？

孙定：有一种学说认为将来的社会是哑铃型，这个哑铃型是什么呢？就是社会中中等智力的这些劳动呢，全都被信息技术取代掉了。但是现在机器人的智力水平，据我看到的文献，就相当于一个甲虫，所以说要用计算机代替人，恐怕在科学上还有很长的路要走。

主持人：一个事物总有它的极限，硅芯片有没有极限？

李志坚：最简单的一个极限，就是所谓的量子效应。

主持人：袁先生，您认为芯片到了极限之后，有什么样的材料能代替它呢？

袁振光：砷化镓已经起到这个作用了，再发展，现在还有一种叫高温超导的技术。

主持人：孙先生，从您现在掌握的情况看，世界各国以后硅芯片技术研究主要集中在哪些方面呢？

孙定：一种是纳米技术，纳米技术现在可能比较集中的就是碳纳米技术。还有一个很前沿的就是DNA计算机。

畅想未来芯片

主持人：观众朋友，下面咱们换一个角色，如果你们是科学家，你们设计一下未来的芯片会是什么样子的？

观众：我觉得未来的芯片，可能不再需要电力来驱动它工作，而是一种新的能源，比如说如果要植入体内的话，它可以在能量不够的情况下自动地到人体的脉搏和心脏那儿去补充能量，或者是芯片可以像橡皮泥那样自己变形。

观众：我希望以后芯片的载体不再是硅，它可以是一种生命体，它可以自己生长，它如果有什么缺陷或者哪儿坏了，它就进行自动修补，而且它有感觉，有自己的思想，这是最好的。

主持人：刚才这些观众朋友的设想有没有科学依据，可能不可能实现？

李志坚：有的现在已经可以实现了。

孙定：有没有人听说过电子纸，就是显示器是软的，这个东西有几种用处，一个是书，看完了以后，你从网上再下载，内容就变了；还有一种软的显示器，它是用纺织的办法织起来的，可以做成衣服的。身上的图案可以下载，花色可以改变。

袁振光：科学给我们以力量，做不出来的东西，我们能做出来，人文呢，总是使我们把做出来的东西始终造福于人类，所以科学思想和人文思想比翼双飞，就能够促进人类走向美好的未来。

主持人：最后我们请我们的李院士给我们总结一下芯片对人类社会的重大影响。

李志坚：微电子芯片也好，生物芯片也好，它是信息社会所依赖发展的一个最基础的元素，它的发展推动了信息社会的发展，同时信息社会的发展，不断地在推动微电子芯片的发展。它的发展比我们预料的、能够预料的还要快得多，它的影响比我们原来想的可能还深得多，所以最后我希望，有小朋友，有中学生、大学生，有专家，大家来共同关心芯片技术，特别是学生们也来参加我们的芯片研究。因为它是挑战性最强的，而且是不断挑战，是前景最好的科学技术之一，谢谢。

主持人：也感谢几位专家和观众朋友们。

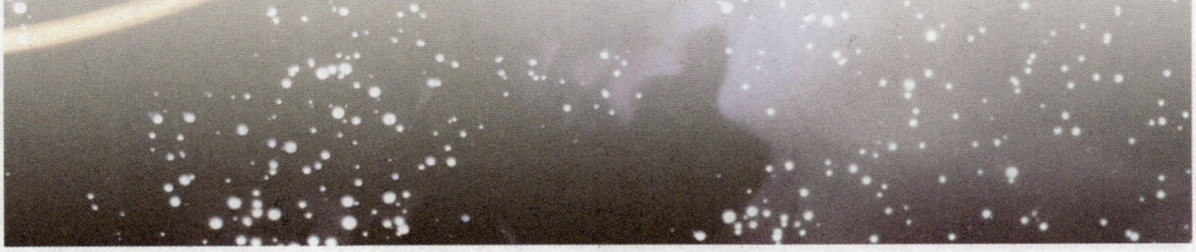

撕破声音的面具

我们每个人都有固定的发音模式和音质，即使语音发生这样或那样的变化，但其声纹的本质特征不会改变。

现代社会中，犯罪分子的作案手段越来越隐蔽而凶残。

声纹技术已被广泛应用于司法鉴定领域。

声纹不但能在犯罪侦察中证明作案人的犯罪事实，

而且在法庭诉讼中也能作为证据使用。

再狡猾的犯罪分子在声纹鉴定技术面前都将原形毕露、法网难逃。

2001年5月，在沈阳市郊发生了一起凶杀案，犯罪分子极其凶残地将3人杀害。由于犯罪分子作案手段隐蔽而凶残，使案件的侦查工作一时难以找到突破口，但是在其中的一个犯罪现场，侦察人员找到了一盒录音磁带。原来，犯罪分子在行凶时，被害人录下了声音，这一重要线索给案件的侦破带来了一线希望。从磁带上的声音判断，犯罪分子在行凶之前与受害人有过激烈的争吵。经过调查分析，犯罪分子可能是3名受害人生意上的伙伴，据此，公安部门确定了犯罪嫌疑人。

能否对磁带上的声音进行科学的鉴定，成了这起案件侦破的关键，于是，公安人员对犯罪嫌疑人的语音进行了取样，和在犯罪现场找到的录音带一并拿到中国刑警学院对其进行声纹鉴定。

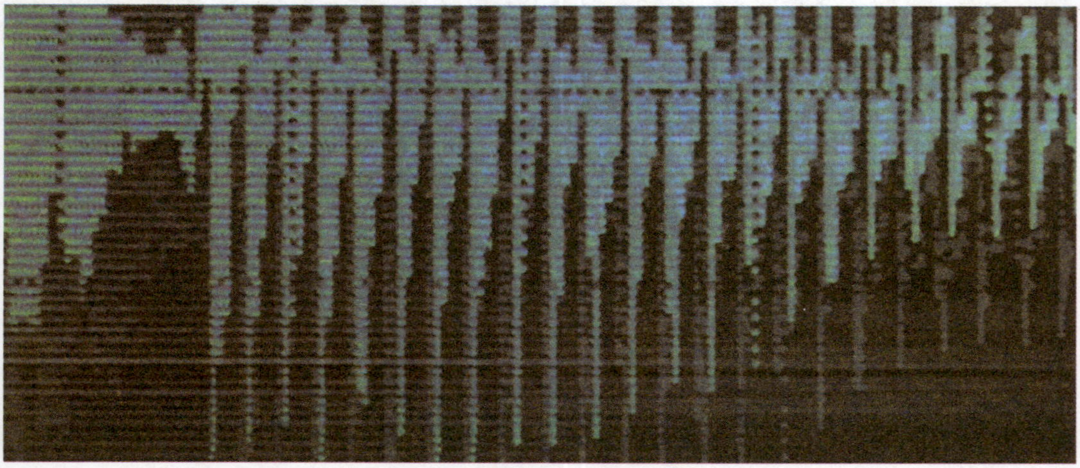

什么是声纹鉴定技术?

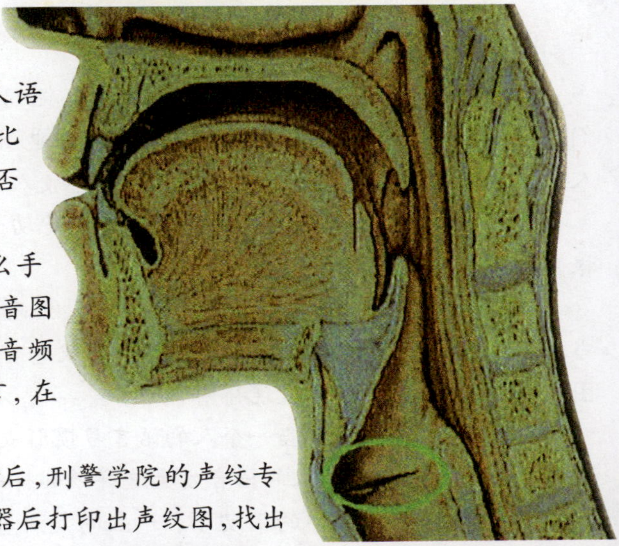
人的肺在呼吸肌群的带动下，产生的气流冲破声带后引起振动发出的声音，再通过唇、齿、舌等发音器官的协调配合就能说话

声纹鉴定技术系指用未知犯罪人语音和已知嫌疑人语音的声纹特征进行比对、分析和鉴别，来确定两个声纹是否出于同一个人。

语音既看不见又摸不着，通过什么手段来鉴定它呢？实际上语音是通过语音图像，也就是语音频谱图来鉴定的。语音频谱图在语言学界叫语图也叫可见语言，在司法鉴定领域叫声纹。

在接到公安部门送来的语音材料后，刑警学院的声纹专家把嫌疑人和犯罪分子的语音输入仪器后打印出声纹图，找出它们的声纹特征，然后进行对比鉴定。

声纹鉴定的历史背景

78000 型数字语图仪

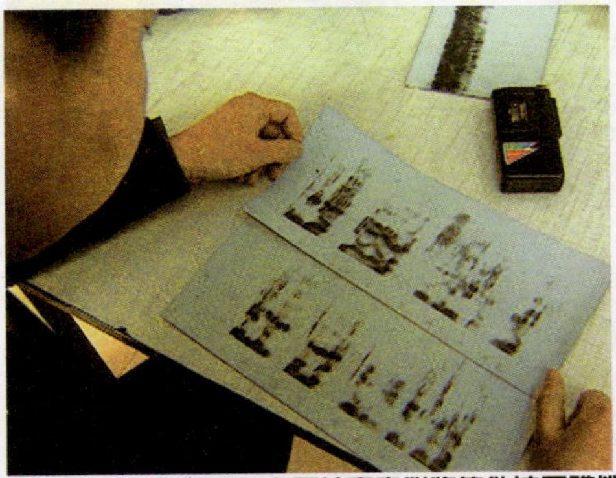
犯罪分子在凶杀现场留下的声音必将使他法网难逃

这种看似简单的鉴定方法，如今已被广泛地应用于司法鉴定领域，而在以前这是无法做到的。

早在1941年，科学家在贝尔实验室发明了一种被称作“声音图谱显示器”的装置，成功地将语音用图形的形式描绘出来，实现了语音的频率、强度和时长的图语显示。到了20世纪60年代，美国纽约经常出现一些恐吓电话，引起了司法部门对这项研究的重视，美国司法部门责成贝尔实验室开展这项技术的研究。

中国刑警学院刑事科学技术系教授岳俊发是我国第一家声纹鉴定实验室的奠基人。1988年，公安部门带着语音鉴定的案件到中国刑警学院去咨询，现实的需要坚定了岳俊发进行声纹鉴定研究的决心，刑警学院购买了一台声纹鉴定用的数字语图仪，从此岳俊发踏上了声纹鉴定研究之路。

声纹鉴定的科学依据

然而，事实并不像人们想像的那样简单。他们发现当两次输入同一个人的一句话时它们的图谱形态并不完全一样，在这起凶杀案中也出现了类似的情形。声纹专家提供的嫌疑人和犯罪分子的声纹图也不尽一致，这不禁使人们对声纹鉴定的可靠性产生了质疑。

原来，语音具有动态性，所以它的特征是动态性特征，它和指纹终身不变的性质有根本的差异。

语音是发音器官发生运动的结果和产物，而声纹正是对它们运动状态的忠实记录。当我们讲话时受情绪等因素的影响，发音状态会随之改变，但是无论怎样变化，它们的图形在声纹图谱中都会表现得淋漓尽致。

语音还具有稳定性，当一个人的语言习惯形成以后，在相当长的时间内，他的语音特征是不会变的。即使一个人的语音发生这样或那样的变化，但他声纹的本质特征不会改变。

人的肺在呼吸肌群的带动下，产生的气流冲破声带后引起振动发出声音，再通过

进行声纹坚定

唇、齿、舌等发音器官的协调配合就能说话，但是没有两个人的发音器官以完全相同的运动方式发出声音，就是说我们每个人都有其固定的发音模式和音质，即使一个人两次说话的声音变化再大，也会有其明显的相同特征。在大量的实验基础上，声纹实验室确立了个人声音的惟一性理论，这正是进行声纹鉴定的科学依据。

专家们经过大量实验，找到了一些稳定的声纹特征和声纹数据作为认定的指标，如共振峰的频率值、共振峰的走向、音节间和间节内过渡音的特征等。声纹专家通过这些特征，就可以识破犯罪分子的语音在声纹图谱中流露出的蛛丝马迹.

声纹鉴定的法律效力

视听材料在我国法律中被视为证据的一种，语音是视听材料的一种，因此我国法律中规定，声纹不但能在案件侦查中证明犯罪事实，而且在法庭诉讼中也可以作为证据使用。犯罪分子在凶杀现场留下的声音必将使他法网难逃。

刑警学院的专家们对嫌疑人和凶杀现场的犯罪分子语音的声纹图谱进行了缜密的分析对比，他们发现这两个声纹图谱所显示的声纹特征完全一致，所以最终确认这个嫌疑人的语音和在凶杀现场找到的罪犯语音是同一个人所发，至此一起凶杀案告破。

在声纹鉴定中，只要找出嫌疑人和犯罪分子语音声纹的特征点，经过对比分析，如果他们的声纹特征点相同，就可以确定真凶。但是并不是每一起案件的鉴定都这样一帆风顺。

2001年8月，在沈阳市中心广场上，当一群儿童正在阳光下玩耍嬉戏时，一个罪恶的身影正向他们悄然逼近，一名儿童在犯罪分子的引诱下被绑架。

公安部门接到报案后迅速展开了调查，受害人家属给公安部门提供了一盒犯罪分子打电话进行勒索时用录音电话录下的磁带。侦察员立即对磁带内容进行了研究，在走访并分析了受害人的社会关系后，一个叫黄小东的人引起了公安人员的注意，为了更深入地了解犯罪分子的活动，公安人员决定再一次对勒索电

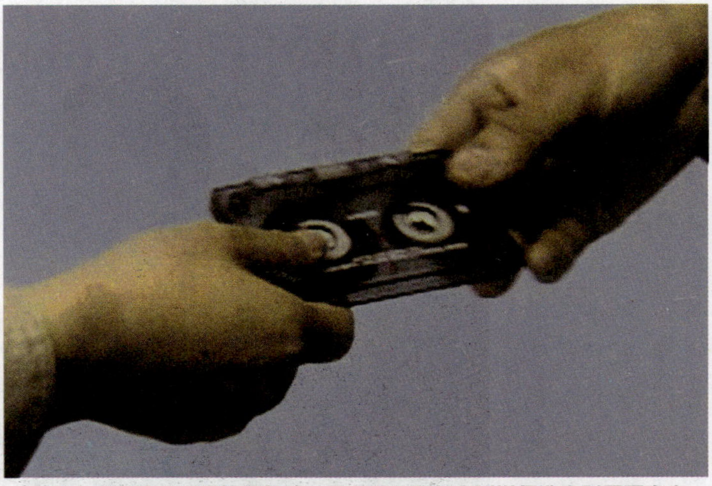
受害人家属给公安部门提供了一盒犯罪分子打电话进行勒索时用录音电话录下的磁带

话进行录音取证。

在这次录音中，犯罪分子的声音和受害人家属提供的磁带里的声音完全一致。在录音的同时，刑侦部门锁定了犯罪分子所使用话机的位置；圈定了犯罪分子的活动范围；之后公安部门决定对其进行扣押。

犯罪分子十分狡猾，对警方的审查拒不供认，将近4个小时的审问一直处于僵持状态。

为了获得犯罪分子的真实声音，与先前获得的录音资料进行声音对比，公安人员对审问过程做了录音。这时犯罪嫌疑人显得有些得意，因为公安人员审问他的录音带听起来和受害人提供的磁带里他的声音并不一样。这是为什么呢？侦察人员怀疑是犯罪分子在语音上做了手脚，他们再一次想到了声纹鉴定技术。

在了解案情之后，岳俊发把罪犯的语音和嫌疑人的语音做了对比，这时他惊奇地发现，这两个声纹图存在一种奇怪的现象，即这些声纹特征中既有相似之处，又有着明显的不同。科学是严谨的，不应有一丝一毫的差错。这种情况不能证实嫌疑人犯罪，但多种迹象又表明此人就是犯罪分子。怎么办？声纹实验室自建立以来已经成功地鉴定了多起案件，像这种情况还是第一次遇到。由于无法对这种现象做出科学的解释，案件的侦破曾一度陷入了僵局。

声纹鉴定技术有一个鉴定标准即有 7个以上相同音节就可以确定作案人。一个人的声纹特征可以通过各种声纹图谱表现出来，专家通过这些字音的声纹特征就能做出准确的判断。上述案件的问题到底出在哪里？

原来犯罪分子和嫌疑人的录音中“在家”两个字的声纹特征同出一辙，而“别装穷” 3 个字的声纹特征又有很大差异，这种似像非像的声纹是不是来自同一个人的声音？一个新的问题摆在了

岳教授分析这种现象是犯罪分子捂着鼻子讲话造成的

岳俊发的面前，因为他知道，如果不能及时作出鉴定，犯罪分子就会逍遥法外，案情紧迫，无辜的儿童还在犯罪分子手上。他放下所有工作，一心扑在这起特殊案件上。经过反复研究，他终于找到了解释这种特殊现象的答案。

原来我们在发辅音“ng”时，必须有鼻腔共鸣的配合，而捂着鼻子就发不出“ng”音，所以“ng”音部分的声纹特征在声纹图谱上就不会有显示。在罪犯语声和正常语声的对比中，除了有鼻音韵尾的语音消失和减弱外，其他的特征完全一致，说明这种现象是犯罪分子捂着鼻子讲话造成的。刑警大队在得到岳教授的结论后，立即决定逮捕犯罪嫌疑人黄小东。

然而，事情并不一帆风顺，犯罪分子依然抵赖。于是公安人员令他捂着鼻子录下了一段与罪犯语音一样的话，结果与图谱上的声纹特征完全一致。在科学的证据面前，犯罪嫌疑人黄小东交待了绑架儿童勒索钱财的犯罪事实，无辜的儿童获救，罪犯黄小东也得到了应有的惩罚。

这起特殊案件一波三折，最终用科学的鉴定手段将其破案。通过这起绑架案，激起了岳俊发对伪装语音研究的兴趣。经过潜心研究，他总结出一系列鉴别伪装声音和方言的方法。

中国刑警学院声纹实验室自建立以来，已经用声纹鉴定技术破获了130多起各类案件，仅2001年就鉴定了22起，为公安部门的侦破工作立下了汗马功劳。

目前我国声纹鉴定研究和实践还停留在人工比对识别阶段，还有很大的发展空间。在不远的将来，我国将建立庞大的语音库，通过计算机进行语音的自动识别，届时声纹技术在侦破案件和打击犯罪分子方面还将发挥更大的作用。

知识点

语音是通过语音图像，也就是语音频谱图来鉴定的。语音频谱图在语言学界叫语图也叫可见语言，在司法鉴定领域叫声纹。

声纹鉴定技术系指用未知犯罪人语音和已知嫌疑人语音的声纹特征进行比对、分析和鉴别，来确定两个声纹是否出于同一个人。

声纹实验证明个人声音具有惟一性，这是进行声纹鉴定的科学依据。声纹鉴定技术的鉴定标准为有 7个以上相同音节就可以确定作案人。

声纹鉴定技术起源于20世纪60年代的美国。我国于20世纪80年代末开展这项工作。中国刑警学院声纹实验室的专家们已经总结出一系列鉴别伪装声音和方言的方法。

背投之路

背投电视

电视是20世纪人类最重要的发明之一。

借助科学的力量，人类能够在方寸之间，投射大千世界，体验旷野山川、风云变幻以及种种人类的梦想，

让个人的感受能够超越时空与世界同步。

早在上个世纪80年代，日本工程师就率先开发出背投电视。现在他们已经发展到第二代。但在国内这个项目还是空白，2000年春天，长虹公司准备开发目前国际上的尖端机型——背投电视。

背投电视和传统的显像管电视截然不同

一般来说要改善清晰度，将电视屏幕扩大是一个办法。因为屏幕扩大，点阵增多，图像的清晰度才会更高。为了达到更加清晰的目的，传统的显像管电视机走上了不断膨胀之路 。从12英寸到18英寸，从18英寸到29英寸，从29英寸到38英寸。

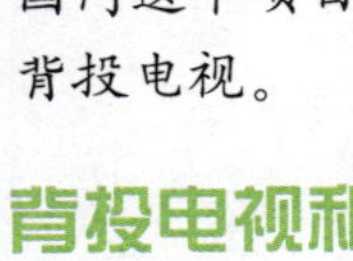

但显像管电视做大以后，带来一个无法克服的体积和重量的弊病。它后面显像管的“尾巴”会很长。现在38英寸电视，它的厚度在1米左右，重量是100多千克。若做到50英寸，就要超过200千克，这样的电视是庞然大物，4个壮汉抬都非常困难。

工程师们想到了另外一种手段——投影机。但是，一般的投影机更适合在面积较大的场所使用。因此，要把投影机成功地嫁接到电视机上去，关键在于能否缩小它的体积。

工程师们最早的设想，就是把投影管的光直接打到屏幕上去。但投影有光程的限制，图像必须聚集在一定距离上。否则会很模糊。如果这个光程需要1.5米，那么投影电视会有1.5米这么厚，这样的电视放在家里同样不可能。

最后解决之道，就是在中间加上一块镜子。让光线先投到镜子上去，再反射到屏幕上去这样来回走一个折射，整个距离就缩短了，42英寸的背投电视的厚度甚至比29英寸显像管电视还小。

背投电视取消了传统的显像管，依靠投影管发光来还原电信号。这样没有了电子束轰击，完全是光的运动。这对电视机的结构设计提出了近乎苛刻的要求，重要部件的安装尺寸，如果有一个毫米的误差，最终对图像的影响会非常大。

通过合理的结构设计来保证图像质量是一个看似简单，实际却十分复杂的工作

在背投电视的底部设置有3只7英寸的投影管。投影系统分为三个投影管：红、绿、蓝。光线从投影管出来后。进入整个镜头系统。这个镜头系统是由一组镜头组成，它的作用是把从投影管出来的光线，聚焦在特定要求的屏幕范围内。从镜头出来的光线，投到反射镜上，再从反射镜到屏幕上。通过光学系统还原成大家所看到的图像，要保证整个屏幕都看到比较真实的图像，投影管必须打到最中间。

但仅靠调整投影管的位置，还无法控制光的轨迹，要使屏幕上的图像达到理想状态不产生彩斑就必须考虑到光线的特性。

人类很早就发现，光在均匀的媒质中是沿直线传播的，只要没有阻碍，它会一直传播下去。但光在传播中，经常会遇到不均匀的物质，从而向四面八方散开，这就是光的散射，它制造了自然界中蓝天、白云、彩虹这样的美景。但是，散射一旦出现在背投电视上只会让工程师们的一番心血化为泡影：使真正反

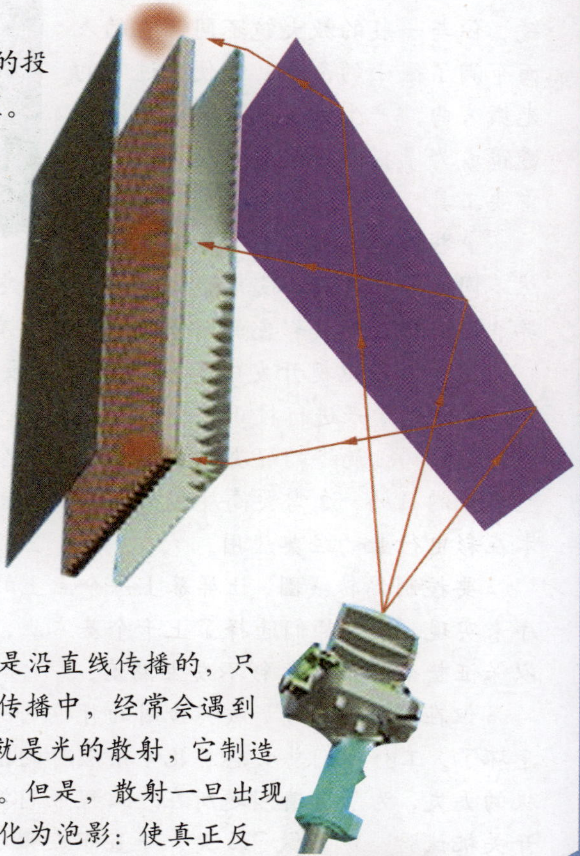

光学系统示意图

射到屏幕上的有效光线少之又少。没有了光，人们就看不见任何图像。

工程师们煞费苦心，想办法增添了一块反射镜。光线经过它的反射后，到达屏幕。所有的图像在屏幕上还原出来。这也是最终检验光学系统效率的地方，在传统的显像管电视和早期的背投电视中，屏幕都不是设计的重点。早期背投电视屏幕还原后的效果，往往是中间看起来亮，四周比较暗，而且视角狭窄。

这让工程师们意识到：似乎无足轻重的屏幕其实还有很多文章可做。背投电视的屏幕不应该是一个漏斗，而应该成为一个光线的放大器，能把光集中在屏幕上。

背投电视的屏幕实际上由三个部分构成。最里面一层是菲涅耳透镜。它上面布满了很多很微小的光学器件。第二层是双凸透镜。这两个光学器件的目的，都是为了让图像投影到屏幕上以后，能够在任何角度观看时不失真。最外一层是保护屏。

菲涅耳透镜是其中的关键。这是一个用透明有机玻璃制成的巨型放大镜。但与一般的放大镜不同，它的表面布满了微小的条纹，能使穿过它的光线弯曲，产生放大的影像。菲涅耳透镜成为了提升投影图像质量的一个重要工具。

背投电视与传统的显像管电视截然不同，它采用三只投影管代替了传统彩电的显像管，通过发出的红绿蓝三色光，在屏幕上混合，形成彩色的图像，这就需要有一个很好的会聚系统。

这是背投电视开发中的另一个难点：要让三种颜色的光在屏幕上精确地重合在一起，光靠光学来进行校正，是无法完成的。即使在最精密的光学调校下，图像也会出现色彩分离。最终的解决办法就是通过一个辅助偏转线圈，来调整图像，达到三种颜色重合的目的，这需要高度复杂的控制技术。这种技术称为数字会聚，是集成电子技术在彩电行业的经典应用。

要控制偏转线圈，让屏幕上每个点上的三种颜色都重合，只能通过特殊的软件程序来实现。工程师们选择了上千个基本点，计算出每个点上的像素重合量，这样就可以保证整个屏幕的色彩不发生偏差。

但在实际检测中，做实验用的背投电视都发生了颜色分离现象，这可把工程师们急坏了。工程师们总共想了几十条应对的措施，但却很难验证是哪一条。因为它是随机的丢失。为了查清问题所在。工程师们把能想到的措施都用上去。做3万次以上的开关机试验。通宵做了3天。一直守在旁边，看着它是不是有异常。

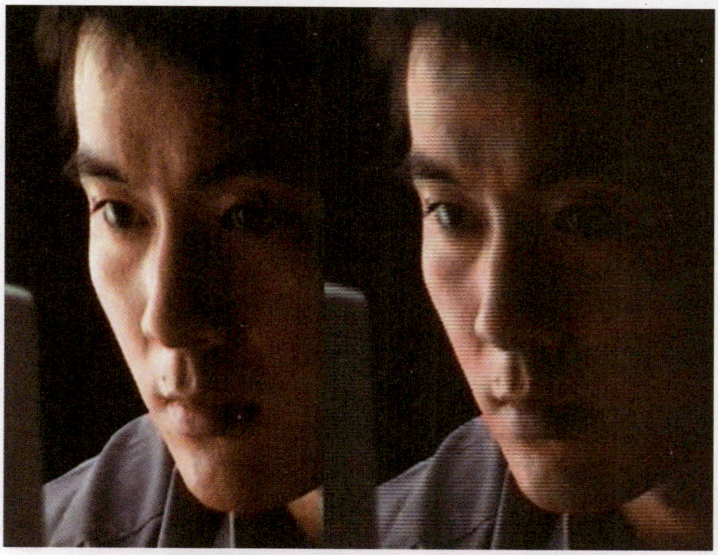
发生完全反射的背投电视（左）与发生散射的背投电视（右）

大海捞针式的试验进行了半年。这是一场人和机器的马拉松式的较量。不仅考验人的智慧，还要检测他们的耐力和信心。在设计师们都精疲力竭的时候，转机终于出现。运用自己开发出的一套称为现场可编程逻辑阵列的软件，工程师们终于解决了背投图像颜色分离的难题。

凭借精密的光学系统和汇聚控制软件，新一代精显背投电视消除了传统背投上存在的大面积闪烁和字符抖动。在图像质量上也有了明显的提高。

专家们指出，未来的电视是多种多样的。从信号的处理来看，由模拟向数字发展是一个必然趋势；从显示器件上，除了显像管电视、背投电视这样的产品；往后还有等离子电视和液晶电视。科学技术的进步永不停止，在不远的将来，人们将会从电视上看到比现在更加优美动人的图像。

知识点：电视小史

1926年的一个下午，在英国伦敦的一间公寓中。苏格兰人贝尔德用自制的摄像机扫描了一个木偶。木偶的头部突然闪现在旁边的荧屏之上。世界上第一台电视由此诞生。贝尔德也被世人称为“电视之父”。不过，这台电视是这样原始，它距离大众还十分遥远。1927年，另一位天才，美国人艾弗斯成功实现了第一次远程传播视觉和听觉信息。科学家们逐步扫清了电视大规模应用的两个最后障碍。人类终于进入到一个电视时代。

人们也逐渐知道，图像的呈现，其实完全依靠科学。电视机发明的核心依据就是电光转换的原理。通过电子束扫描荧光粉发光。早期的黑白电视机就是利用黑白显像管，通过电子束扫描单色荧光粉，就产生黑白图像。

电视机的普及开始出现了爆炸性的增长。如今，全世界的电视机数量已经超过10亿台。电视机被称为有史以来最畅销的电子产品。

鱼的变性术

鲤鱼中，雌的比雄的生长快，而且好吃，可惜大自然只允许雌雄鲤鱼的比例为 1∶1，并且让它们的性别终生不变。

能不能培育出清一色的雌性小鱼苗，并且让它们具有很强的杂交优势呢？答案是肯定的。

我国对鱼类性别控制的研究，已经步入遗传学、发育生物学、分子生物学及进化等多学科交叉的前沿研究领域。

中国科学院水生生物研究所的科学家们已经能够在保证鱼类正常繁育的前提下，人为地控制它们的性别，他们用人工变性的方法培育出的杂交全雌鱼种一推出，就在我国 17 个省市的 50 万亩水域得到了大面积推广。

2001 年，我国淡水鱼产量已达近 1 000 万吨。

奇妙的愿望

我国的淡水鱼养殖面积居世界第一，在已知的 800 种淡水鱼中，60% 都是鲫鱼和鲤鱼这样的鲤科鱼类。科学家发现，在长江流域的天然水域中，大部分雄鱼的性成熟时间都比雌鱼早 1 年左右，如鲤科雄鱼只要 1 年就能够性成熟，而雌鱼则需要 2 年的时间才能产卵繁殖。正因为雄鱼性成熟年龄早，它的很多营养物质都供给了性腺发育，身体长得就慢；而雌鱼因性腺成熟较晚，身体成长所获得的营养相对较多，成长速度比雄鱼快。如雌性银鲫的生长速度就比它兄弟们快将近 2 倍，当它长到 300 克左右的时候，它的兄弟们只有 100 克左右。

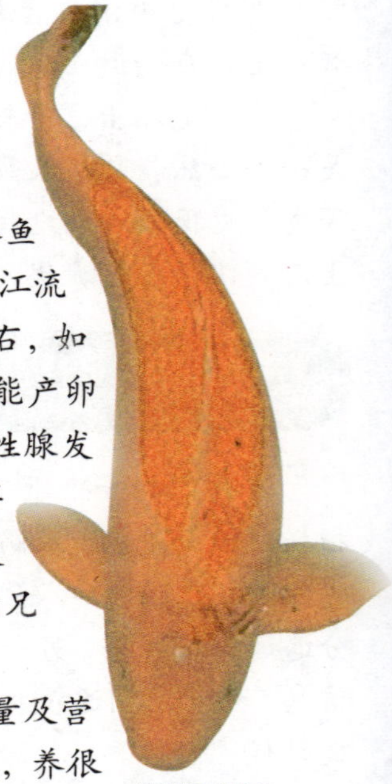
雌兴国红鲤

由于性别造成的差异，雌鱼明显比雄鱼个大、体重，在产量及营养价值等很多方面都占有很大优势。况且，从养殖的角度来说，养很多雄鱼不仅不合算，而且没必要，因为一条雄鱼的精子有上亿个或几亿个，而一条雌鲤鱼可能只有 5 万个卵子，一条雄鱼可以为很多雌鱼授精。

能不能通过杂交，培育出生长速度快、抗病能力强而且又都是雌性的鲤鱼，让渔民笑逐颜开、让吃鱼的人大饱口福？中国科学院水生生物研究所的养殖专家们为了实现这个奇妙的愿望，成功地进行了全雌鲤鱼的培育工作。

银鲫的启示

鱼属两性生殖动物，其雌雄比例基本上是1:1的，并且性别终生不变。怎么才能打破这个规律，让受精鱼卵全部发育成雌鱼呢？

银鲫的一种生殖现象——“雌核发育现象”——给了科学家很大的启发。

有着光滑整洁的银色鳞片的银鲤

有着光滑整洁的银色鳞片的银鲫，不仅非常漂亮，而且雌雄的比例也不同于普通鲫鱼，不是各半的，而是雌鱼的数量占80%左右，雄性明显稀少，这引起了科学家们的关注。同时，他们还发现，银鲫普遍比一般鲫鱼个儿大。科学家们决定用雌性银鲫与鲤鱼杂交，希望它们的后代不仅具有优良的杂种优势，还能够雌多雄少。

两性繁殖的动物一般都有两条性染色体，鱼爸爸和鱼妈妈在繁殖期会分别排出只含有一条性染色体的精子和卵子，受精卵虽因为性染色体组合时的差异而成为雌鱼或者雄鱼，但每一条鱼的身体里都会留下父母的遗传基因。然而，在这个实验里，科研人员从银鲫受精卵的组织切片图上却没有发现一丁点儿鱼爸爸兴国红鲤的遗传标记，孵化出来的鱼苗也不是杂种，而是与鱼妈妈银鲫完全类似的鲫鱼。

经过相当一段时间的观察、研究，大家终于发现了其中的奥秘。

原来，在天然状态下，鱼群是混杂居住的，雄鱼无法分辨鱼卵的身份，它们的授精是随意的，而卵子却有很强的识别能力：如果遇到同种的雄鱼精子，受精卵就正常发育，后代会有雌有雄；若遇到不同种雄鱼的精子，卵子就会自然闭锁，即拒绝将异种雄鱼的基因传给它的后代而自己单独发育成小鱼。这就是当兴国红鲤为银鲫的卵子授精后，产生出

取出成熟的鱼卵

一群与银鲫妈妈一样的女儿的原因。

科学家把银鲫的这种生殖现象称作“雌核发育现象”。

那么，借鉴银鲫雌核发育的生殖原理，或许能培育出生长速度快、抗病能力强而且又都是雌性的鲤鱼。

精子的“失活”处理

为了确定培育全雌鱼的最佳组合，科学家从上百种淡水鱼中选取不同的品种，在试验室逐一进行筛选。他们发现，用雄散鳞镜鲤和雌兴国红鲤杂交，其后代比一般的鲤鱼生长速度要快一倍。全雌鲤鱼的培育就选定了这个组合，只是所用的不是天然的雄散鳞镜鲤，而是经过人工转性的雄散鳞镜鲤。道理很简单：既然要让鲤鱼像银鲫那

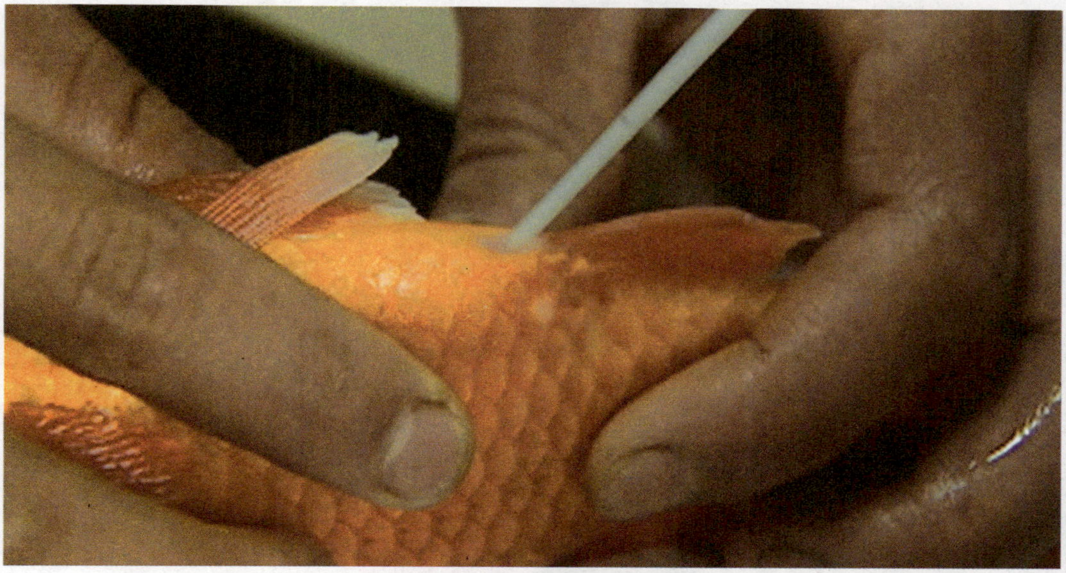

取出已经成熟的鱼的精子

样进行单性发育，就不能让正常的精子为卵授精。

科学家为全雌鱼的培育设计了最关键的一步——精子的遗传去核，即“失活”处理。

精子的“失活”处理是让成熟的精子在接触卵子之前遭遇强力射线的照射，精子里调控遗传的DNA就全部被切断了，这样就能阻断精子中的雄性基因即Y染色体的遗传。然后，用这样的精子来启动散鳞镜鲤的卵子，卵子就自己发育起来即进行单性发育，它们的后

用紫外灯照射精子使其“失活”

人工授精

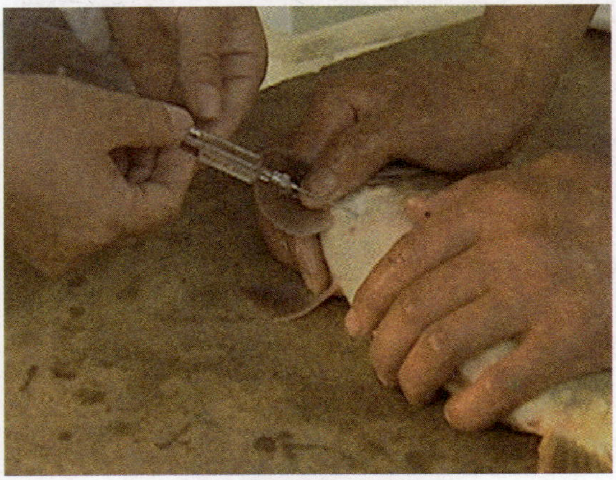

给雌散鳞鲤打催产素

代就不可能存在雄性个体了。

怎样用失去Y染色体的精子为成熟的鱼卵授精呢?

工作人员将雌散鳞镜鲤捞出来,给它们打催产素,过了约10分钟,就能取到成熟的鱼卵。与此同时,取出已经成熟的鱼的精子,加入一定的试剂后,用紫外灯照射了约10分钟——这短短的10分钟,足可以让隐藏在精子中的雄性基因发生断裂或缺失。

受精的鱼卵在水流的作用力下发育成胚胎,孵化成通过人工性别控制得到的雌性小鱼苗。一般的鱼有来自父亲和母亲的两套染色体,而这些小鱼体内缺少决定向雄性发育的基因,只有母亲所给的1套染色体,它们是单倍体,如果继续发育下去,出膜时就会全部死掉。于是,科研人员用人工的方法让胚胎的染色体加倍,即将母本的染色体再复制一遍,使胚胎也具有两套染色体,它们就能正常发育了。

转性而来的生理雄鲤

这些小鱼苗出生后就住在育苗箱里,经过两周时间,它们长出了可以划水的鳍条,开始自己觅食了。这时,它们被搬到一个更宽敞的家——鱼塘,更大的变化是,今后三个月,它们的食物里多了一种叫作甲基睾丸酮的雄性激素,吃了这种激素,一年后,它们的性腺就发育起来时,它们就全都变成雄鱼了。

好容易用性别控制技术培育出来这些雌鱼,为什么要让它们变成雄鱼呢?

原来,这个“雄”实际上是生理雄性,这些失去了雄性基因的雄散鳞镜鲤,虽然有精巢而且能够产生精子,也能够让卵子受精,但它们遗传型还是雌的,它们是转性的雄鱼。如果让它们回过头来与正常的雌散鳞镜鲤交配,后代就全都是雌散鳞镜鲤,比起混合群体来,产量可以提高10%以上;如果让它们与正常的雌兴国红鲤交配,不仅所产的后代全都是雌的,而且还具有很强的杂交优势。

鲤鱼能变性以为人所用,那奶牛呢?蚕呢?鸡呢……想想吧,太有意思了!

聚焦克隆

克隆技术的意义在于：它是认识生命的有力武器，是人类对无性繁殖生命的创造，它改变了体细胞遗传基因表达不可逆转的传统观念；它能加速改良家畜品种，加快家畜生产现代化、工厂化的进程，促进畜牧业发展；它能让动物成为制药工厂，创造人类急需的生物制品；它可能成为延续濒危物种种族的惟一希望。

克隆技术是一项具有划时代意义的生物高科技。

克隆是无性繁殖方式，这种方式不需要生殖细胞的结合，得到的后代与上一代完全相同。克隆受到的关注非比寻常。当人们看到第一只体细胞克隆羊多利的时候，“克隆”就不再只是科学家的实验室话题了，它和互联网曾被一些传媒称为“将对未来人类命运产生最大影响的两个科学事物”——当我们在国际互联网的搜索引擎上敲入“克隆”一词的时候，展现在我们面前的是数以十万万计的相关网页。进入21世纪后，克隆，这个神秘的东西忽然以令人震惊的速度向前演进，更迫使人们睁大眼睛正视它的存在。

那么，这个对广大公众既时髦又陌生的“克隆”到底离我们有多远？

克隆技术的应用前景显而易见

2002年初，陈大元院士领导完成了中国首例成年体细胞克隆牛项目。这一项目实现了中国成年体细胞克隆牛成活群体零的突破，并推动中国克隆技术达到世界先进水平——我国成为继日本、新西兰、美国之后世界上第四个掌握体细胞克隆牛关键技术的国家。

这次克隆的主要是奶牛。中国的奶牛数量少，质量也差，改造奶牛品种是中国科研人员和奶牛企业多年来的追

求。中国奶牛的产奶水平并不相同，优秀的个体年产牛奶可以达到1万多千克，可惜这样的牛在奶牛群中所占比例很小，大多数奶牛是年产奶七八千千克的中产奶牛，而它们所消耗的饲料一点也不比高产奶牛少。参与克隆牛项目的科学家告诉人们，若用传统的两性繁殖方法即杂交方法让一头好奶牛自然繁殖，一年也就生六七头牛，这样改造奶牛品种需要十几年的时间才能完成；用胚胎移植的方法，所产牛的性别比例各半，时间还是很难控制；但是如果用克隆的方法直接复制高产奶牛，即把高产奶牛的体细胞的细胞核移植到普通牛的去核卵细胞内，就能克隆出同样的良种牛。克隆的方法能缩短时间并能人为控制所产牛的性别，达到既增加奶牛的数量又提高其质量的目的。

克隆牛取材方便，成本低，用的原料仅是牛耳朵和废弃的牛卵巢。把被克隆的牛的成年体细胞的核，移到去了核的牛的卵细胞中，利用卵细胞的环境启动胚胎发育，再将这个胚胎移入母牛子宫内，使之着床，长成幼仔。从一个牛耳朵上可取成千上万个体纤维细胞，继而可以无限制地构建克隆牛胚胎，从理论上来说，高品质牛的克隆胚胎生产数量几乎不受限制，而以往的胚胎生产技术要取决于母牛的超数排卵，一头

2002年初，中国科学家成功完成首例成年体细胞克隆牛项目

母牛每年获得可用胚胎一般不超过20个。

克隆奶牛即复制高产奶牛，它没有在牛的遗传基因里面加进什么新的东西，它不是生产转基因牛，不是创造新的物种，克隆出来的牛都是原来就存在的物种，所以，克隆牛的奶和肉都不存在食品安全问题。

这些科学家确信，不用50年，就像胚胎移植技术在畜牧业中被广泛应用一样，克隆技术也能够应用于生产，实现克隆牛产业化。

克隆牛用到生活上还要走相当长的路

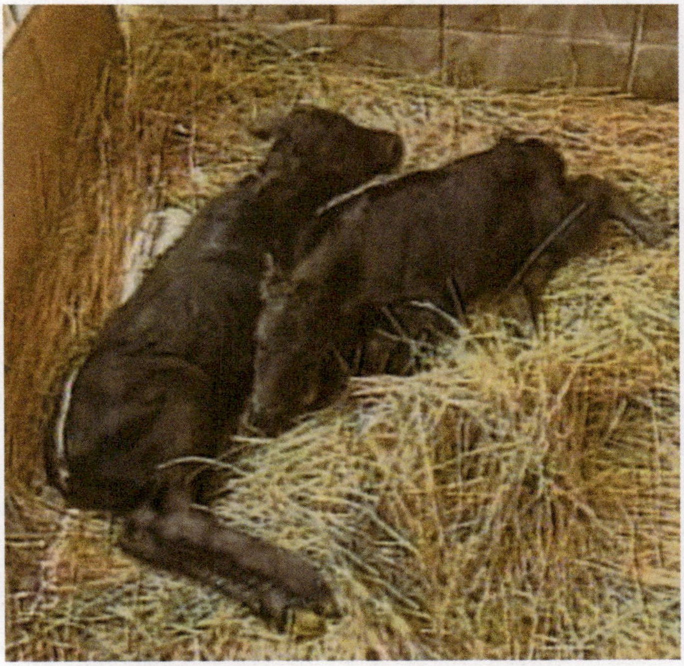

中国第一批纯国产克隆牛的低怀孕率、高流产率、高死亡率等问题也引起人们的许多关注。14头新生牛中，最终只有5头活了下来，这难免使一些人担心：我们花费了这么多人力、物力和财力来克隆奶牛，值得吗？我们把克隆牛作为一个产业目标来发展，仅仅是因为它的繁殖周期比较短吗？

有的科学家提出，克隆牛要用到生活上还有相当长的路要走。日本组织全国的相关科研力量搞了五六年，不过才生产出了100头。现在，我们的克隆牛成功率才百分之几，不能运用到生产上。

有的科学家认为，通过克隆技术，揭示一些生命的奥秘，是可取的，是应该做的，但从生物进化的角度来看，无性繁殖相对于有性繁殖是一种倒退，因此不宜克隆生物个体。

科学家还看到，克隆牛是为了人类的经济利益，但是，对牛本身不一定有利。我们选择那些奶牛乳房都非常大，一天能产出50多千克奶，但如果站在牛的立场去考虑的话，它产的奶够它自己的牛犊吃就够了，为什么要产那么多的奶啊？它带着硕大的乳房，走起路来两条后腿往两边叉，卧在地上就呼哧呼哧直喘，这对牛本身是不利的。

所以，我们在发展克隆技术的时候，有时也损害了动物的利益，在这种情况下，就不能光研究克隆，我们还应该同时研究许多其他相关的技术来保障动物的物种。比如，不应该克隆复克隆，应该让克隆动物参加有性繁殖，即使将来克隆技术非常成熟的时候，我们牧场里的牛绝大多数还是有性繁殖的后代——有性繁殖永远应该是生物界繁殖的最好、最高的形式。

治疗性克隆的产品太昂贵了

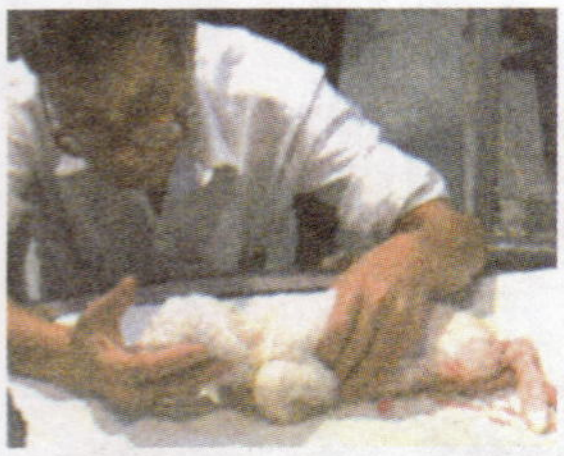

1998年10月15日，中国科学家克隆出第一只山羊

记者以“你最想用克隆技术做什么”为题，进行了一次民意调查。结果发现，中国老百姓最感兴趣的是人体器官克隆问题，即用克隆技术解决器官移植供体来源不足的问题，这就是治疗性克隆。

生物体的器官和组织都是从干细胞发育而来的，造血干细胞可以发育成血液细胞，肝脏干细胞可以发育成肝脏，全能干细胞可以发育成生物体中的任何组织和器官。很多科学家都投入研究干细胞在治疗方面的作用。治疗性克隆有两种做法。一种做法是克隆出胚胎。因为，生物体的早期胚胎中有一种具有全能性的干细胞，克隆胚胎的目的就是为了从早期胚胎中提取全能干细胞，然后对这些干细胞进行体外诱导，使其发育成人体的组织和器官。第二种做法是克隆干细胞。由一个干细胞培养很多细胞，不牵涉到生命问题即达到治疗的目的，如刚出生的婴儿脐带里有很多造血干细胞，把脐带里的血挤出来以收集造血干细胞，然后通过扩增技术让这个造血干细胞进行繁殖，以利治疗很多血液方面的疾病。

2001年，广州中山医科大学的实验动物学家陈系古教授利用人兔细胞融合技术克隆出了一批人类的早期胚胎，他希望从这些胚胎里提取出干细胞，再用这些干细胞进行更多的研究工作。尽管他克隆的胚胎只存活了三天半，但还是引起了一场超出学术界的轩然大波。有很多人强烈反对他，最主要的反对意见就是：陈系古不应该拿人类胚胎做实验，完全可以用干细胞的转化或扩增等技术来复制干细胞，没有必要通过克隆胚胎来提取，因为即使是三天半的胚胎也已经具有生命，不应用来实验。

也有人完全反对克隆这种技术，即使是克隆干细胞、克隆器官也反对。理由是：从根本上说，人之所以为人是因为他脱离了自然界，他有伦理道德的规范，如果利用科学超越这个范围来做一些事情，最终的后果是比较可怕的。

美国总统布什的生物伦理顾问委员会成员弗朗西斯·福山认为，治疗性克隆的产品永远不会成功。因为，克隆胚胎，提取干细胞，再生所需要的组织，这太昂贵了，

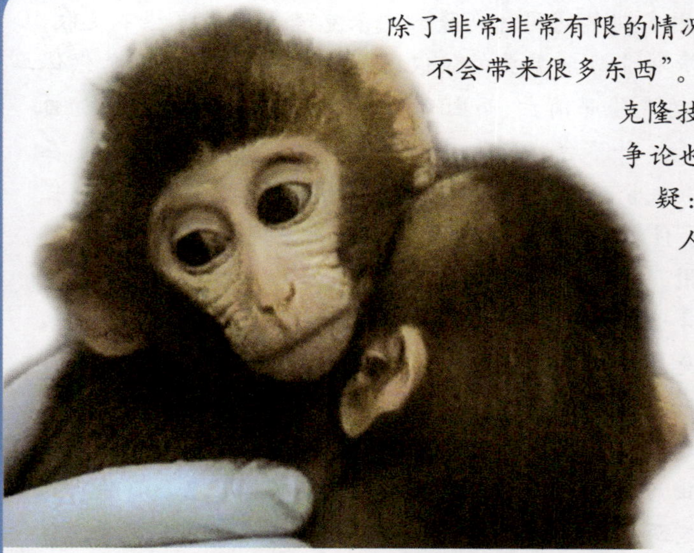
2000年1月3日，美国科学家克隆猴成功

除了非常非常有限的情况，永远是不可能的，“治疗性克隆不会带来很多东西”。

克隆技术是复杂的，克隆引起的疑虑和争论也是复杂的。然而，有一点无可置疑：克隆对于人类的意义是重大的。人类今天的目光可能难以预测克隆未来的能量，人类已有的经验可能也难以判断全新科学探索的是非。克隆本是人类为赢得更健康的身体、更舒适的环境、更美好的生活所进行的全新的探索，它将创造出什么神话故事，让我们关注，让我们感受，也让我们继续思考和争论吧。

知识点1：学术界的克隆大熊猫之争

大熊猫是我国特有的一种珍贵哺乳动物，其历史可以上溯到800万年前的始熊猫。大熊猫的祖先是吃肉的，在演化过程中，有的演化成了北极熊，有的成了黑熊，而有的就成了吃竹子的熊——这个种至少也生存了110万年了。据估算，大熊猫的数量目前已减少到1 000只左右甚至更少，被有关国际组织列为世界二十大濒危物种之一。

以陈大元院士为代表的科学家认为，克隆大熊猫是保护濒危大熊猫的一个理想的途径。尽管这些年来陈大元在大熊猫人工繁育上获得重大突破，但他认为，用有性繁殖的方法增加大熊猫数量仍然有限，无法从根本上解决大熊猫濒临灭绝的严峻问题，而引进克隆技术不失为一种好方法。以他为代表的科学家们认为，克隆不会伤害和影响大熊猫目前正常的生长发育和繁殖。目前大熊猫仍以自然繁殖为主，探索克隆技术，只是为保护大熊猫寻找一条新的、辅助性的拯救出路；克隆技术属无性繁殖，虽然不如自然繁殖来得好，但科学探索总是在不断地完善和进步之中，不足之处是可以逐步得到改进的。

大熊猫正常生殖生理过程中的受精卵“延迟着床”问题，是大熊猫同种克隆术中

无法通过的难关。采用多利羊的同种克隆方式来克隆大熊猫显然不足取，应该采用异种克隆。异种克隆所需要的仅仅是大熊猫的体细胞，用作供体的大熊猫本身不会因为克隆而消亡，而由克隆产生的复制品也可以参加自然繁殖，这样交替进行，并不会妨碍大熊猫遗传多样性的发展。于是，在原有的显微授精、显微试管动物及精原细胞克隆动物以及十余年对大熊猫人工繁殖研究的基础上，陈大元等科学家于1997年3月首次提出了克隆大熊猫的设想和计划。1998年，他们又提出利用“借腹怀胎”生产克隆大熊猫的新方法。这个计划分两个步骤：第一步是从大熊猫身上取下一个体细胞，克隆出早期的大熊猫胚胎；第二步是将这些胚胎移入寄母——兔子的子宫中，使之着床，直到生产出幼仔。

以北京大学大熊猫及野生动物保护中心主任、著名大熊猫专家潘文石教授为代表的一批保护生物学家和环保主义者认为，异种克隆大熊猫的办法是不切实际的。潘文石说：“每种动物的发育程序都是由各自的遗传密码所决定的，如果硬是把一个早期的大熊猫胚胎植入兔子的子宫，而这两种动物各自的DNA是早已经编制好的，那么，其各自不同的发育程序如何协调一致？兔子怎样生出大熊猫来？”当然可以用同类型的猫科动物例如狗熊作为代用妈妈，但是有个种间隔离问题，胚胎着床会遇到异种排斥问题。况且，“大熊猫的生物多样性并没有明显下降，它们在野外能够进行正常的有性繁殖，完全没必要克隆。”

潘文石教授

潘文石教授的得意门生、世界自然基金会负责大熊猫保护项目的吕植博士说：“大熊猫并非像他们所说的那么没有希望。”潘文石与吕植一起在秦岭工作了8年，他们对那里的250～280只大熊猫深入追踪研究后发现，最近10年来大熊猫数量的增长率为4.1%，比人类的增长率还要高。吕植的另一个重大研究成果是：大熊猫还远未走向高度近亲繁殖的灭绝道路。她把从各保护区和动物园收集来的大熊猫血样拿到美国做DNA测定，得出大熊猫的遗传多样性比率为46%，与人类48%的比率相差无几。吕植研究后认为，在200年内，人类不加干涉，有28只大熊猫就足够繁衍这个物种了。

还有人担忧：如果远未过关的克隆技术现在竟成了随时可以拯救大熊猫的灵丹妙药的话，“还会有人再去珍惜它们，为它们保留一片净土吗？”

以被称作“熊猫部长”的前林业部副部长董智勇和著名学者唐锡阳为代表的科学家认为，大熊猫是一个走向衰亡的物种，这是生物进化和自然选择的必然，目前所做的一切不过是延续这个国宝的生命。大熊猫的活动能力很差，食物已高度特化。大熊

猫只能靠吃竹子为生，但竹子并不是有营养的食物，它们每天必须用十四五个小时不停地吃。一只大熊猫每天要吃掉三千余株冷箭竹，约合40千克，相当于其体重的一半；要消化和吸收竹子的营养，最起码也应该像牛、马的胃肠道那样才比较合适，而大熊猫靠一根食肉动物的短短的、简单的消化道处理像竹子这样复杂的食物，非常困难，这其中只有17%能被消化。为了节省体能，大熊猫深居简出，养成了吃完就睡的懒惰习惯。更要命的是，大熊猫的繁殖和成活能力低下，无论是“资源”雄厚的中国，还是科技发达的西方，都没能攻破繁殖大熊猫这一道难关。但是，不能把熊猫的这种生存方式视作一种退化，它是勉强地适应，从理论上讲，进化就是一种适应，而生命的适应并不需要完美，也不需要精确，只要勉强能生存就行了。

知识点2：应该关注人类怎样利用科技进步

作为一个社会公众或者一个科技工作者，我们不必担心科学技术本身的进步，因为，在人类社会的发展史上，科学技术的进步终归是给人类社会带来好处的，但是，我们应该非常关注人类是怎样利用科学技术的。如果说科技进步曾给人类自己造成危害，那不是科技进步本身的罪过，而是人类在利用这个科技时出了问题。核技术就是最明显的例子。核技术的发展是人类社会的一个很大的进步，它在人类的生产生活上都有很广泛的用途，可是有人就利用它去杀人，这就会造成很大的危害。在生物界里，克隆技术的进步也存在着同样的问题。作为科学研究工作者，既应该研究克隆技术本身，也应该研究怎样利用克隆技术。

1997年3月19日，英国成功克隆绵羊多利的消息正式公布，我国卫生部立即代表中国政府明确表示了对克隆人和克隆技术的态度：克隆人对人的尊严是一种严重的威胁，同时可能给人类的社会伦理、道德、法律带来一些负面影响，因此中国坚决反对克隆人。中国政府主张，对治疗性克隆和生殖性克隆要区别开来，对用于治疗疾病和预防疾病方面的治疗性克隆技术的研究，包括胚胎细胞、干细胞的研究，卫生部是支持的，但提倡在研究和应用各种克隆技术的过程中，必须严格遵照国际公认的生命伦理原则，在严格有效的审查或监控下，使这一技术得到健康有序的应用与发展。我国科学界也坚决反对克隆人。科学家陈大元称：从进化角度看，克隆人是人类从有性繁殖到无性繁殖的倒退；克隆人还将对家庭的安定幸福形成冲击，而家庭是社会的细胞，其连锁反应可能导致国家和社会的混乱；至于极少数不育夫妇，则“完全可以利用很成熟的试管婴儿技术”。

热能的应用

在人类没有掌握用火技术之前，寒冷笼罩着整个地球，茫茫黑夜和巨兽的凶残，使人类生活在无限的恐惧之中。

后来，人类发现了火，并且掌握了钻木取火的技术，于是火成了人类最早使用的能源。

科学发展到今天，人类在利用能源方面走过了热能时期、化学能时期，直至如今的核能时期。

可以说，火的使用是人类从茹毛饮血的原始生活迈向文明生活的第一步，也是人类从动物界最终分化的标志之一。

火，人类最早使用的能源

开天辟地之初，人类就将火与太阳联系在一起。人类的这种直觉已经在科学上得到了证实。有些专家认为，那次著名的“大爆炸”产生了宇宙。粒子被释放出来形成了原子，气体物质出现了。在这个巨大而光亮的空间里，氢气云在引力的作用下收缩，形成了无数颗星星。有些星星随爆炸而消失，新的星星又在爆炸中诞生。其中有一颗发光发热的星星，那就是太阳。

无数的微尘、气体和岩屑受引力的吸引，围绕在这个炽热的星球周围。这些物质逐渐形成了越来越大的堆积物，慢慢地形成圆球体形状，于是地球便诞生了。

地球的进化是一个极其多变的过程。经过数亿年的进化，地球逐渐形成

了一层外壳，将这种熔化的岩浆包裹起来。地壳分为好几层，而且始终处于运动之中。巨大的矿物层一层扣一层，彼此相互摩擦，偶尔会彼此碰撞，经过数十亿年的大陆漂移，形成了我们这个星球的地形。陡峭的绝壁和深陷的山谷导致气候的巨大变化。1000万年以前，埃塞俄比亚高原的倔起，最高达到海拔5000米，形成了一个降雨屏障。于是这个地区形成了干燥气候。连续几个月，草原处于干旱之中。一道闪电点燃整个干草原，火，冲天而起，人类第一次发现了自然界的火。对于早期的人类来说，火是一种巨大的危险。

躲避了火焰的侵袭之后，人类又返回自己的住地。在长期寻找食物的过程中，人类发现那些在大火中被烧死的动物的肉比生肉更好吃，而且不容易腐烂。于是，人类学会了使用火。虽然人类还不会制造火，但是他们已经意识到树枝、树干比干草燃烧的时间更长。他们还发现如何通过搭建火炉来保持和控制火。据推测，最初的火炉是在公元前100万年时诞生的。

有了火之后，人类的生活习惯发生了变化，出现了社交生

活。火炉的周围成为人类活动的聚集地。有了火，人类获得了更大的自由；有了火，人类才有了追求夜生活的可能。人类还认识到他们拥有了一种抵御大型捕食动物的有力武器——火，因为火焰会让它们惊恐而逃。

北京猿人用火示意图

火产生的光和热促使形成了联系更加紧密、力量更加强大的群落。掌握了火之后，人类发生的巨大转变就是学会了分享：分享猎获的战利品、分享采集来的食物。人类逐渐组织起社会结构，每个人都属于某个团体的一员。

如何长久地保存自然火？它时刻有熄灭的危险，因为偶然的事故，也因为人为的疏忽。自然火的熄灭成为一个群体的灭顶之灾，直接威胁着他们的生存。为了逃避这些风险，人类开始制造火。

火，改变世界的工具

第一个将火作为一种工具来使用的是制陶者。火可以烤熟食物，同样也能烤熟泥土。我们今天发现的最早的陶制品均出现在公元前7000年。有了陶器，意味着人类发明了容器。这就意味着人类迁徙变得更加容易。在人类不断拓展新的定居地的过程中，火发挥了重要作用。

制陶者是锻造工的祖先。约5000年以前，一个天然金属块意外地掉进了制陶的窑炉中，正是因为这次意外，人类学会了锻造金属矿石的技艺。人类最初学会的是锻造铜、银和金。有了火，人类使用泥土中的矿石提炼、制造精美的珠宝、武器和工具。

人类在公元前3500年的铁矿冶金术是人类迄今为止最重大的发明之一。由于锻造技术本身的进步，使人类可以获得更高的温

公元前7000年前的陶制品

度，冶炼铁矿才成为可能。

15世纪初，欧洲发明了鼓风炉，不但能生产质量更高的钢，而且还极大地增加了生产量。这对工业化经济的出现起到重要的作用。到了19世纪末，贝西默发明了转炉，导致优质钢问世。人类能够以更低的成本制造出质量更高的钢。钢铁的冶炼成为当时资本主义力量的象征。

中国在公元4世纪时已能制造钢铁

核能，新能源时代的象征

到了20世纪中期，人类开始意识到原子能与核能的意义。经历了铜器时代、铁器时代和钢铁时代之后，人类的历史进入了一个新的时代——核能时代。

这一切始于1896的巴黎。亨利·贝克勒尔是一位职业物理学家。在一次实验中，他使用了一小块金属——铀，发现它能在黑暗中发光，而且它的辐射能够在感光板上留下影像。 他的这一发现，使得他与玛丽·居里分享了一项诺贝尔奖。皮埃尔·居里和玛丽·居里成为科学史上最令人称羡的一对夫妇。

贝克勒尔比玛丽·居里早两年涉足于放射领域。玛丽·居里则将其毕生的精力投入到放射现象的研究之中。她成功地分离出另一种放射性更强的元素——镭。镭的放射性比铀要高出1000倍。

阿尔伯特·爱因斯坦根据放射现象进行论证，发现了质量与能量之间的等值关

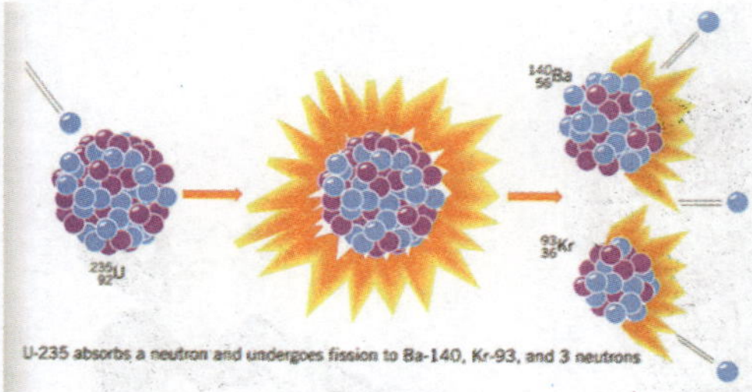

铀 235 的裂变

系：E = mc^2。物质的原子里蕴藏着多得令人难以置信的能量。怎样才能得到这些能量呢？物理学家们想到，是否可以通过分裂放射性材料而获得一种能量——核能。

爱因斯坦

核能理论首先被应用于军事目的。在年轻的物理学家朱利叶斯·奥本海默的领导下，一群当时最杰出的科学家，包括费曼和戴森，制造出了一种炸弹，它的能量足以毁灭整个人类。

核爆炸

1945 年，一次剧烈的爆炸震动了整个新墨西哥州大沙漠。几天之后，也就是 1945 年 8 月 6 日，第二次爆炸震动了整个世界。日本的城市广岛及其 20 万居民顷刻间从地球上消失。那些拥有核能的国家为此而着迷。但是，人类是否有办法驯服它？这种能量能否被应用到民用领域？

要想彻底控制这种能量，首先需要解决一系列问题。核电站的裂变原理在于分裂，在中子轰击下 1 个原子核分裂成两个或更多碎片，同时放出中子轰击其他原子核，这样就可以不断地分裂下去。问题在于如何控制这种连锁反应。为了控制这种反应，必须对温度高得难以想像的系统进行冷却。1986 年，切尔诺贝利核电站所发生的悲剧表明，如果没有控制这些能量所必需的基础设施，核能就不是安全的。

核电站占地少污染小，是地球上一道亮丽的风景

放射性废料如何妥善地储存，这是核能应用中的棘手问题。部分废料的放射性寿命有几十年，其他废料的危险性可能会持续数千年，甚至数百万年。这个棘手问题至今仍没有得到彻底解决。到 2010 年前后，各国才会决定使用什么样的技术来处理这些放射性废料。

核能为我们带来了丰富而便宜的能源。核电站的出现，为关闭产生污染的火力发电站做出了巨大贡献。人们的生活得益于这些核电站，核能已成为新能源时代的象征。

地热资源的利用

火山熔岩

尽管人类在能源利用方面取得了长足的进步，但是仍未能完全控制和征服地球自身的火，火山爆发就是例证。

部分火山喷出的熔岩温度高达1 900摄氏度。熔岩所到之处，一切将陷入火海之中。地球的历史就是一部火山喷发的历史，一次又一次的火山喷发带来了气候的巨变。

20世纪以来，火山学取得巨大的发展。20世纪50年代，科学家发现了火山喷发的机制，因而能精确地预测火山喷发。今天，科学家定期考察火山口，收集相关的数据。他们还建起了一套完整的传感器网络，这些传感器不断地收集数据，并传送到数据中心进行处理，同时发出相应的警报。但是，火山学仍然是一门年轻的科学，对火山喷发的预测也只是短期的预测。

火山虽然

地球的历史就是火山喷发的历史

可怕，但也可为人类造福——利用地热发电。在地球内部有岩浆，岩浆是一种由火山喷发产生的高温液体。在火山比较多的地区，大量的岩浆从地壳的裂缝中往外冒，渐渐地聚集成一个岩浆库。如果有雨水或地下水在这里流过就会被加热，于是产生高温、高压的蒸汽，这种蒸汽可用来发电。

冰岛是一个多火山的国家，它们对地热资源利用开发得非常好。全国1/3的热量都由地热供应。在冰岛首都，95%的居民用的热水都是通过地热直接获取的。

温泉也是地热应用的一个重要领域，它为旅游区增添了不少色彩。

走进能源新时代

用太阳射线作为一种直接能源，早在远古时代人类就有这种设想。古代人类发明了玻璃后，人们就意识到将光线汇聚起来产生能量。传说阿基米德曾经用巨大的反射镜击败了罗马大军。但是，大规模地应用这种能源还是最近的事情。位于法国奥戴罗的太阳炉就能捕捉并汇聚太阳光。这些太阳光通过许多定向反射镜被反射到一个巨大的透镜上。透镜焦点处的温度可达到3 400摄氏度。航天飞机在进入地球的大气层时因大气摩擦会产生大量的热。为了防止航天飞机被这种热量烧毁，一般采用陶质材料保护航天飞机。太阳炉就被用来检测这种陶质材料。

今天的科学已实现了人类的梦想，这就是拥有绝对能量。物质的转变已不再是个秘密。部分原子能够彼此结合产生新的物质。在过去的30年里，人类从未停止过这项研究，试图控制这种能量。这种循环是一种往复不止的过程，这种燃料是取之不尽的，因为这种能量有可能蕴藏在海水里。但是到目前为止，这仍然是人类的一个梦。

托卡马克研究受控核变的装置

人类掌握了核聚变的奥秘，标志着人类一个新时代的开始。这种蕴藏在仅有几克物质里的巨大能量足以让1只100瓦的灯泡发光28500年。这个新的梦想可能会给人类带来新的推动力，就像火的发现曾给人类带来巨大的推动力一样。

今天，尽管人类对能源的研究取得了一些成果，并且不断有新的发现，但是人类至今还不能说绝对可靠地控制了核能。人类从钻木取火到今天的核能利用，从有机物的燃烧转变到原子裂变，走过了辉煌的道路。核能源作为新兴能源，它的燃料是取之不尽的。这也标志着在能源利用上我们将迎来一个新的时代。

知识点1：自然界的放射现象

自然界放射现象无处不在。在空气中，在地壳中，在我们的食物里，甚至在我们的人体里都存在着放射现象。我们的身体里含有约20毫克的钾40，它也是一种放射性元素。如果居住地含有某种玄武岩或某种花岗岩材料，那里的居民遭受的放射性辐射程度较其他地区更强。

知识点2：人工放射现象

人工产生的放射现象是指利用中子轰击部分原子，使之分裂，从而模拟自然界的放射现象。

航海仿真

航海仿真系统是由人驾驶着数字船舶在数字海洋里航行。

将一艘载重近17万吨的巨轮，停进通航能力只有5万吨的码头，这几乎是不可能实现的事。

日照港引航公司通过航海仿真系统，使大船顺利靠泊小港，成功完成看来不可能完成的任务。

航海仿真器

大船进小港后果不堪设想，引航工作面临历史性考验

将一艘载重近17万吨的巨轮，停进通航能力只有5万吨的码头，这几乎是不可能实现的事。历史上“大船进小港”引发的船只搁浅、触礁、毁岸甚至于船毁人亡的事故屡见不鲜。即使是几年前，碰到这样的情况，也只能将巨轮另择深水良港停靠。

通航能力只有5万吨的日照港码头

2002年新年伊始，日照港引航公司面临一项艰巨任务，要将一艘载重近17万吨的巴拿马籍“明和号”矿砂船引入日照港杂货码

头，如果引航成功，这将是日照港杂货码头停靠的吨位最大的一艘船。

始建于1985年的日照港杂货码头，设计通航能力只有5万吨，而且航道除了深度不够之外，还有一个近70度的急转弯。引航员操纵这么大的船，稍有不慎就会搁浅、触礁甚至撞坏码头。

“明和号”的吃水大大超过了日照港通航能力，通常的做法是将大船在通航能力更大的港口进行减载，降低大船的吃水，然后再到中小港口卸船。日照港引航公司经理李宜伦首先想到这个办法，趁涨潮时进港，用他们的行话叫“抢潮”。

日照港在下午4点左右涨潮，要抢潮就要将引航时间定在这个时候，但是这时的天气是最难预测的，能见度低，并且海面常伴有大风，引航工作危机四伏。另外，日照港自身不可回避的近70度的急转弯又是一个巨大难题。为了确保“明和号”安全引领，李宜伦他们在引航站内进行了计算机仿真。但是日照港的仿真器属于上一代的仿真器，视角小，实时性能差，几个回合下来，他们心里还是没有底。

引航员在仿真器上试身手，数字船舶安全进入虚拟港

带着日照港和“明和号”的资料，引航员们来到了大连海事大学，中国最早的航海仿真器就在这里诞生。这里被称为“中国航海家的摇篮”。 走进大连海事大学航海动态仿真实验室，犹如置身于一艘巨轮的驾驶舱。远处的大海、港口、城市和天空，伴随着巨轮航行，全景、动态、逼真地展现在人们面前。这套大屏幕、宽视角的大型船舶仿真系统，可以进行动态地实时仿真，是目前世界上最好的仿真系统之一。

航海仿真系统有点像大型游戏机，它的作用就是使学员在不上真船的情况下，通过仿真系统真实地进行海上训练，熟练地掌握多种船型、海况以及气象情况下的船舶驾驶技术。简单地说，航海仿真就是由人驾驶着数字船舶在数字海洋里航行，因此数字船舶要求与真船完全一致，数字海洋也要求与真实的海洋环境完全相同。大连海事大学的老师们把日照港和“明和号”的资料输入仿真系统，一个真实的引航环境就形成了，引航员们就要在这里练习把17万吨的数字“明和号”安全地驶入数字日照港。

在模拟器上，通过软件可以设置各种船型，如集装箱船、杂货船等；设置各种故障，如主机故障、舵故障等；设置各种天气情况，如5、6级风甚至台风；还可以设置风速、风向，如将风速设为9级，风向为250度。另外，对于白天、晚上、黄昏、下雪、下雨、闪电以及系统运行时的各种能见度都可以设置。

这次仿真引航针对引领“明和号”进入日照港可能遇到的具体问题进行演练。一开始引航员们就遇到了麻烦，由于没有计算好风和水流对船体产生的压差，“明和号”巨轮在风的作用下偏离了航线，船搁浅了。搁浅以后，引航员们格外认真，他们把可

能遇到的困难一一输入计算机，特别是针对船体受风面积大、能见度不良和航道上的急转弯进行反复操练。经过两天的反复摸索，引航员们终于可以熟练地将数字式“明和号”安全地引领进虚拟的日照港。

“明和号”巨轮成功靠泊，航海仿真系统功不可没

结束了仿真演练后，引航员们满怀信心地回到了港口，此时“明和号”已经在7海里外的锚地抛锚，等待抢潮进港。正如事先预料的那样，涨潮的时间到了，海上的能见度越来越低。虽然引航员们在大连进行仿真时已经进行了多次演练，但他们的心情仍然很紧张。时钟指向下午3时20分时，李宜伦决定引航开始。

“明和号”长288米、宽44米，甲板面积比一个足球场还要大。大型船舶靠港时由于船速慢，用来控制方向的舵效果差，船很难控制，受风和水流的作用容易偏离航向，因此必须有拖轮帮助大船保持航向。这需要参与引航的几条拖轮协调推拉，拖轮的所有动作都要听从引航员的指令。引航员要随时计算风和水流作用力的大小和方向，指挥拖轮。这一点引航员们在仿真航海时已反复操练过。

引航员准确地控制这些拖轮的用力大小和方向，抵消风和水流对“明和号”的影响，确保它能在水最深的航道中心线上航行。刚起锚，引航员就不停地调度周围的拖轮，配合“明和号”航行。虽然是第一次指挥这么大的船舶，但一切看起来是那么熟练，看来仿真实验确实起到了作用。

时间在流逝，“明和号”按照设计好的方案，在全球卫星定位系统的指挥下，精确地保持在航道中线的位置上，顺利地通过了航道中70度的转弯，一点点靠近日照港杂货码头。这时，一直在驾驶室里的引航员也来到前甲板上，从他们面带微笑的脸上可以感受到“明和号”的引航即将成功。

几分钟后，“明和

航海仿真系统是很好的教学工具

号”缆绳牢牢地系在了日照港杂货码头，“明和号”成功靠泊。

知识点：航海仿真与虚拟现实技术

数字船舶和数字港口

所谓航海仿真器，其实是计算机仿真技术的一种应用，通过计算机编程，模仿一艘真实存在的船舶，并虚拟出它运行的环境，同时，人参与其中，并起重要作用。人通过操纵仿真器，使所仿真的船舶作相应运动状态的改变，从中获取数据，或操作者进行自我培训。

早期的航海仿真系统是在电子海图上进行的，环境看不到，只有一些图示和表示水深的等深线，真实感差。20世纪80年代，计算机成像生成视景技术的采用，使航海仿真系统进步到能够看到周围环境，也就是有了视景。由于当时计算机技术水平有限，能够看到的视野很小，而且因为计算速度慢，从操纵到看到结果有一定的延时，真实感依然不强。大连海事大学以金一丞教授为首的科研工作者经过十几年的研究，运用现代计算机发展的成果，开发出的航海仿真器，走在了世界前列。

进行航海仿真的核心是数据计算，要逼真地模仿出船在海上航行，其计算量十分巨大。一般来说，这么大的计算量要用大型计算机来完成，但这样一来整套系统的成本就会很高，根本无法推广应用。怎么办？金一丞教授苦思冥想，想出了用微机联网，每一台微机负责一项功能的办法，巧妙地解决了这个难题，并大大降低了成本。

走进航海仿真实验室，仿佛来到了一个环幕电影院，眼前的这种航海仿真器是目前视野最大的仿真器，可以达到270度的视角，跟人左右环视的角度相同，在可视范围上达到了真实效果。

船舶在海上航行，除了一望无际的大海，会看到其他船舶、岛屿以及一些助航设施，比如说灯塔、缆桩，在船舶进出港的时候，还会看到码头。真船在海面上能看到的那些东西，在仿真器中都能看到，而且十分逼真、形象。那么这些视景是如何建立起来的呢？

研究人员告诉我们，如果要在仿真器上建一个港口，要做的工作第一步就是到港口去收集素材，通常要带上照相机和摄像机，去港口拍一些照片或录一些像。然后将这些平面素材通过计算机软件加以处理，使之成为三维立体图像。然后，将航道情况输入计算机，形成电子海图，这样，整个环境就形成了。接下来，要在计算机里制造一艘数字船舶，所有数据均来源于真实的船只。研究人员需要将船舶的各类信息汇总后建造一艘在性能上与真实的船只完全一致的数字船舶。

大连海事大学的老师们专门开发了一套软件，将数字船舶系统与数字视景库系统连接起来，这样，数字船舶每走一步，计算机就会调用数据库中的数据计算合成图，通过投影显示在银幕上，人们就可以看到逼真的影像了。

现在环境有了，驾驶室也有了，如何让驾驶者的每一步操作都有相应的反应呢？原来驾驶台的每一件设备虽然与真船上的一模一样，但是都经过了精心的改装。驾驶者在操舵时，舵下方专门制作的电路板就会发出信号给罗经，让罗经转动，同时给视景库以信号，让视景同步转动，驾驶者就感觉船在转向。同样，驾驶者其他的动作也会有相应的反应。

航海仿真系统还可以为分清海事事故双方责任提供依据。2001年9月，在厦门港就曾经发生了一起5万吨级集装箱船出港时与一艘进港油轮相撞的事故。结合当时双方的航行记录和当事人的描述记录，航海仿真系统就可以再现这一事故。

如今，类似航海仿真系统这样的大型教学设备，已经整体地运用于我国海事院校和引航员的培训教学中。国外学者在参观了我国自主研究开发的航海仿真系统后，都不约而同地交口称赞。

相信在未来，包括航海仿真在内的虚拟现实技术，将会有更广泛的应用前景，这项技术可以让人类更好地驾驭世界、征服世界。

航海仿真系统可以再现事故

数字电视——直接瞄准高清晰

电视从诞生到今天，人们感受到的最大变化是画面从黑白变成了彩色。与此同时人们一直在追求画面的更加清晰与逼真，但是所有这些努力都是在原有技术的基础上进行的，我们今天看的电视仍然使用从它诞生时就确定下来的模拟方式。

然而随着技术的不断进步，人们越来越不满意模拟方式所存在的局限。

模拟电视只能把图像分成几百条线，清晰度的极限也就到此为止。所以，只要靠近屏幕，或者屏幕大到一定尺寸，我们很容易就能发现电视画面的粗糙，看出组成画面的一条条扫描线。另一方面，既然是模拟，就不可能和生活的真实完全一致；更糟糕的是模拟方式采用的电信号在制作、传输过程中会不可避免地受到损耗，从而损坏画面质量，并且这种损坏是无法恢复的。

计算机技术的不断发展使人们想到可以用数字技术来表示画面

似乎无所不能的计算机，"头脑"其实非常简单：它只能认识"0"和"1"这两个数字。所以人们不让计算机使用十进制，而只使用由"0"和"1"组成的二进制，也就是说，对于计算机，数字"2"就要进位，记作"10"了，"3"是"11"，"4"就又要进位为"100"了。我们觉得这样计数麻烦死了。计算机却得心应手。今天，即使是个人电脑，也已经发展到能够用"0"和"1"每秒钟进行上亿次的运算了。这就是计算机的特点：简单、准确，计算能力强大。

新一代背投数字电视

人们通常把组成画面的基本单位叫作像素。每一个像素都有自己的颜色、亮度等画面属性。每一种颜色、每一级亮度人们都给它规定了一个二进制数字的代号，于是一个像素就可以用一组数字来准确地表示了。这样做，表示一幅画面所需的二进制数字量大概可以用天文数字来形容，可这对于计算机来说不过是小菜一碟。

把这种处理画面的方式用于电视，就是所谓的数字电视。

数字电视画面的每一个像素都是由一组精确的二进制“数字”准确地表示的，无论复制多少遍，数字不变，画面质量也就永远不变。

数字电视更为优越的是清晰度。从理论上说，只要有足够的计算处理能力，像素可以分得无限小，清晰度也就可以无限制地提高。然而，事实上人眼的分辨能力有限，人们并不需要太高的清晰度。目前，数字电视分为横向1280列，纵向1024行像素的标准清晰度和横向1920列，纵向1080行像素的高清晰度两种。即使是标准清晰度的数字电视，比起我们现在的模拟电视，画面已经有了质的差异。

有了用数字技术表示画面的方法，看到数字技术的巨大优势，电视由模拟向数字的转换迅速成为世界性的趋势。先进国家在这一潮流中更是争先恐后。

制定中国数字电视标准

发展数字电视，技术和生产能力固然重要，而更为重要的是标准。选择什么样的高清数字电视标准，是中国数字电视产业发展最难、最关键的选择！

中国的彩色电视采用的是欧洲国家的PAL制式标准，中国彩电的大发展，其实是在PAL制式标准过了知识产权保护期之后。在别人开出的路上走，固然少一些荆棘与坎坷，却必须付出额外的代价。

中国人记忆犹新的VCD大战，最终获利的不是国内厂家，而是外国企业，因为工业标准这最核心的东西是他们的，要生产就必须付给他们专利费。在整个产业链上，拿走利润的大头的他们才是真正的肉食者，国内企业不过是底层的腐食者。受制于人的尴尬很快在DVD时代重演，DVD标准的所有者向中国厂

大屏幕投影技术的芯片

家开出的专利费用要求，甚至超过了生产的毛利。无论是等待专利保护过期，还是交纳专利费，采用别人的标准，跟着人家走，高端产品与最大利益始终是人家的。

要想独立自主地发展自己的产业，就必须制定自己的标准。但是我们当时的科技发展水平还不能支持我们国家在这样的产业上形成自主知识产权的标准。

其实标准也不是什么神秘之物。顾名思义，就是统一的要求与约定。数字电视标准指的就是一套技术参数，明确电视信号以什么形式发出与传输，接收端以什么样的形式接收与识别信号，最后反映到显示器上。大家共同遵守这套技术参数，保证所有产品的通用性。

先于中国，世界上已经有美国、日本、欧洲制定了三套数字电视标准。每一家都愿意以免费提供设备等巨大的优惠条件，吸引中国选择或者部分选择自己的标准，以便日后进入中国市场。

面对第三代数字电视，国家计委明确地作出了选择：制定中国的数字电视标准，不再做外国技术的大加工厂。

越来越多国内的科研单位投入到数字电视标准的制定工作中来。由国家计委牵头，北京、上海、深圳建立了三个数字电视试验区，2001年，公开向全国征集数字电视地面传输标准方案，有5家单位共提供了5套方案。

国家组织各方面专家对5套方案进行测试，最终决定对这五套方案取长补短，合五为一，完善出一套有别于国外，具有中国自主知识产权的数字电视标准。

有了自己的数字电视标准，意味着国外的产品必须要符合中国的标准才能进入中国的市场，不符合中国的标准就不能进入。在制定自己的数字电视标准的同时，推进产业化的发展，中国电视产业发展将更加积极主动，从电视大国发展成电视强国，从被动的电视工业发展成为主动的电视工业，这个梦想将随着数字电视专项工作的开展逐步实现。

模拟与数字图像的对比

光束线为后基因时代护航

基因是指导蛋白质合成的密码，蛋白质才是一切生命活动的物质基础。在人类基因组计划基本完成之后，生命科学研究的焦点从基因转到了蛋白质，大规模测定蛋白质结构的工作已经开始，后基因时代到来了。要想参与后基因时代的国际科技竞争，必须有自己的同步辐射光束线。为此，中国的生命科学界得到了中国科学院高能物理研究所的鼎力相助。

衍射为人类提供了一个精妙的了解微观世界的迂回战术

中科院高能物理所建造了一条专门用于生物研究的光束线，这是中国生命科学界跻身后基因时代的重要装备。生物学为什么需要高能物理学的帮助？这条光束线为什么被称为最尖端的测量设备？它和所谓的后基因时代是什么关系？

晶体衍射，一个了解微观世界的迂回战术

解答上述问题，要从X射线说起。1895年，伦琴发现了X射线。人们很快发现了它的实际用处——医疗。不过，X射线远不止用于医疗：它引发了人们对X射线源的兴趣，进而导致了元素放射性、放射性元素以及电子的发现，并从此打开了原子世界的大门：在探寻生命奥秘的历程中，X射线也功勋卓著。

新发现是从这样一个“随意”的问题开始的：当一束平行的X射线射到一颗晶体

用晶体衍射条纹去反推晶体结构，其道理就如同用一束光去照一只兔子可以得到一个影子，因为这个影子的形状是由兔子的形状决定的，所以完全可以从影子反推出兔子的形状一样

上的时候会发生什么？实验的结果是，大部分光线穿过晶体沿原方向前进，而部分光线却偏离了入射方向，并且在底片上形成明暗相间的条纹。科学家称这种现象为衍射。一些善于动脑的人立刻悟到：衍射为我们提供了一个精妙的了解微观世界的迂回战术。

不是吗？原子太小了，用X射线看不到它们，但是原子非常规则地排列起来就能得到晶体，当X射线照射到形态各异的晶体上时，就能得到各不相同的衍射条纹和花样，人们完全可以用获得的晶体衍射条纹去反推晶体结构了！

众所周知的DNA的双螺旋结构，就是用晶体衍射条纹反推晶体结构的方法发现的。

蛋白质结构，令科学家流连忘返的灿烂迷宫

为什么清华大学生命科学馆前坐落着一尊表现蛋白质结构的雕塑？因为蛋白质是一种对生命活动具有重大意义的生物大分子。测定蛋白质的结构，探索生命的奥秘，发展生命科学，许多科学家都为此孜孜不倦。

20世纪30年代，科学家发现，蛋白质也能结晶。1934年，剑桥大学的学者做出了第一张蛋白质衍射图样。剑桥的另一个博士生佩鲁茨说，既然蛋白质能够有序了，那

清华大学生命科学馆前坐落着一尊表现蛋白质的雕塑

血红蛋白，这种像花一样灿烂的物质维持着我们生命的活力。与它相比，DNA的双螺旋结构实在太简单了

么我就解它的结构吧。他选择了血红蛋白。许多人为他担心，因为血红蛋白是4个亚基、数千个原子组成的一个很大很复杂的结构。1937年，佩鲁兹培养出了血红蛋白晶体。此后，他用了整整23年，直到1959年，才测出了血红蛋白的结构。

之所以用了23年，是因为当时测定蛋白质结构有三个难点。

第一个难点是，X射线晶体衍射是从获得的衍射条纹去反推晶体结构的，而X射线衍射有一个特点，即在衍射过程中位相会消失或者说是隐含了。感谢佩鲁茨，在那艰苦的23年中，他发明了解决相位问题的测量技术，从而把X射线晶体衍射带入了一个新纪元。

第二个难点是，蛋白质虽然能成为晶体，可它们是活的，原子在晶格中其实是动着的，这使照出来的衍射图样分辨率不高。

第三个难点也许是生物学家和晶体学家都无法解决的问题，那就是X射线源问题。当时X射线的强度和亮度都太低了，用这样的光源去做蛋白质的晶体衍射，要么照不出来精细的图样，要么就需要很长的时间才能出衍射点，而晶体在长时间的照射下会死掉。

像血红蛋白这样的物质在我们身体里还有10万种，逐一弄清楚它们的结构必须有更好的方法和更亮的光源。

光束线，后基因时代的基石

当年佩鲁茨用了23年才完成的血红蛋白的结构测定，现在只需1天就能完成；全世界现在平均每2天就能解出3个蛋白质的立体结构，解出结构的蛋白质数目至今已达两三万种。为什么如此神速？因为X射线源问题解决了，现在全球80%的蛋白质结构测定工作都要依靠这个尖端的设备——同步辐射光束线来完成。

尽管都是X射线，但光束线里的X射线与伦琴发现的X射线产生的原理完全不同。光束线的X射线来自正负电子对撞机。对撞机里，电子以接近光速的速度飞跑着，每当它转弯的时候，就会有光从那一点飞出来。这种原理产生的光叫同步光或同步辐射。

同步辐射是继电光源、X射线、激光之后的第四个革命性光源，它最显著的优点是亮度高、强度高，这对于一切应用领域都是有价值的；它还有一个特点，即具有连续的波谱，这个特点对生物大分子结构测定有着特殊的意义——运用多个波长进行测定就能找到丢失的相位。

世界上第一条同步辐射光束线是1981年出现的。现在，美国5个实验室就有44条光束线，一些国家和地区，

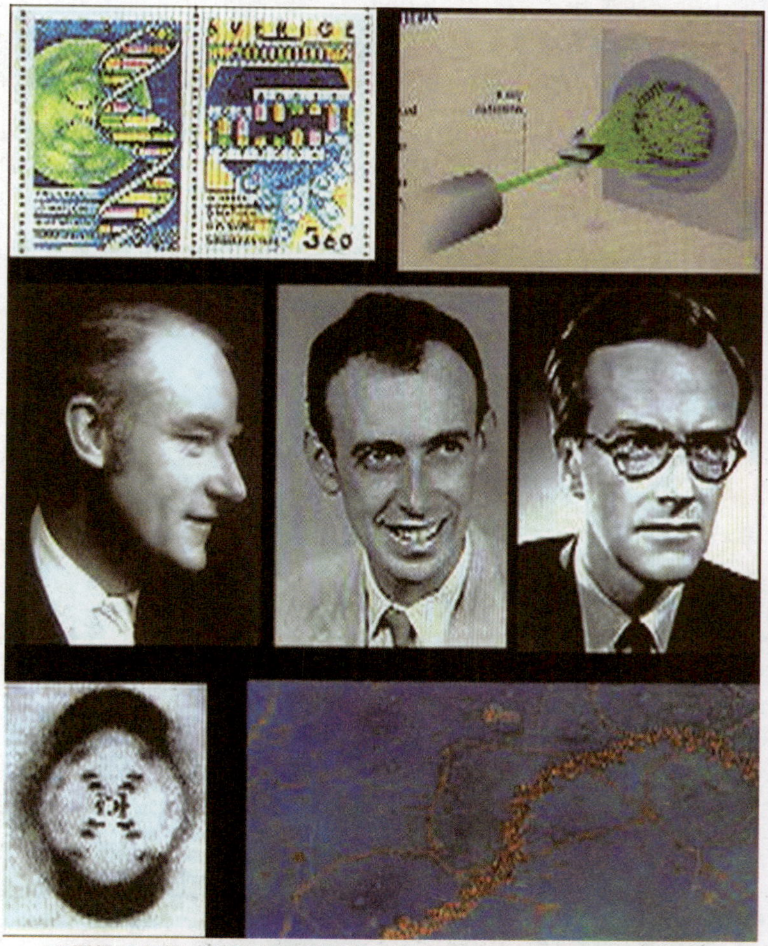

20世纪50年代，年轻的科学家威尔金斯（中右）做出了一种DNA晶体的X射线衍射图样（下左），图样中那个大大的十字让人们相信这种物质的分子具有螺旋形结构。那么有几条平行的螺旋体呢？一条，两条，三条，还是四条？科学家们以极大的热情展开了猜谜竞赛。最终，年轻的科学家沃森和克里克（中左、中）取得了胜利，他们搭建出了一个稳定、和谐的双螺旋结构——DNA的双螺旋结构（上左）。为此，沃森、克里克和威尔金斯共享了诺贝尔奖

如巴西、韩国、我国台湾地区等，也都有了用于生物大分子结构研究的光束线。美国现在用一大笔钱去支持蛋白质结构的测定，它要求申请测定的人必须具有同步辐射或者核磁共振设备，最好两个都有，才能申请这笔钱。

中国：紧急加盟，拒绝掉队！

以中科院院士冼鼎昌为代表的中国的一些有识之士，从20世纪90年代初就开始呼吁，要在中国建立一个专门用于生物研究的同步辐射设备。但是，由于这种设备造价很高，难以实现。然而，科技的发展并不等待中国。在人类基因组计划基本完成之后，科学研究的焦点转到了蛋白质，大规模测定蛋白质结构的工作已经开始，所谓后基因时代到来了。

如今，中科院高能物理所用了一年时间在北京现有的同步辐射装置上设计、安装了一条专用于生物大分子结构测定的光束线。当一束同步光按照设计的路线穿越光束线，并且聚焦成一个不到1平方毫米的小光斑时，光束线就算真正建立起来了。尽管这次光斑的形状大小等指标没有达到设计要求，但在中国科学家前行的道路上，毕竟多了一束光。

现在，不仅高能物理所正在加紧建造光束线，合肥的同步辐射实验室也加装了多条光束线，其中那条用于生物大分子研究的已经进入试运行；另外，还有一种测定生物大分子结构的重要手段叫核磁共振，目前世界上最先进的核磁共振仪器也已经落户北京大学核磁共振中心，正在调试。这些仪器设备将为中国生物学注入强劲的活力，更重要的是，从现在开始，面对正在酝酿形成的新一轮的结构基因组的合作，我们可以展现一种更坚定的姿态，那就是：紧急加盟，拒绝掉队！

在这条包着铝箔的长管子里就是光束线

为高放核废物打造永久"冷宫"

为了环境的永久安全，在人迹罕至的戈壁荒滩上，建设高放废物地质处置库的工作已经进行17年了，而且还将持续近40年。50多年换"永久"，高放废物地质处置科研组的成员虽然付出毕生的心血也情愿。由于他们的艰苦奋斗，尽管在"处置库" 研究的起跑线上中国人输给了外国同行30年，但现在已迎头赶上。

在美丽宁静的杭州湾畔，群山环抱着一片白色的建筑物，那就是我国自行设计建造的第一座核电厂——秦山核电厂

高放核废物的最终处置方法

核电至今已占全球发电总量的16%。伴随着核电的迅速发展，人们对核电安全性的关注程度也日益提高。有效防止核泄漏解决的仅是核电安全的前端问题，要确保核燃料整个循环过程的安全，还必须对核废物进行安全处置。

核电厂1%的核废物是高放废物，它们含有多种寿命极长、对人体危害极大的

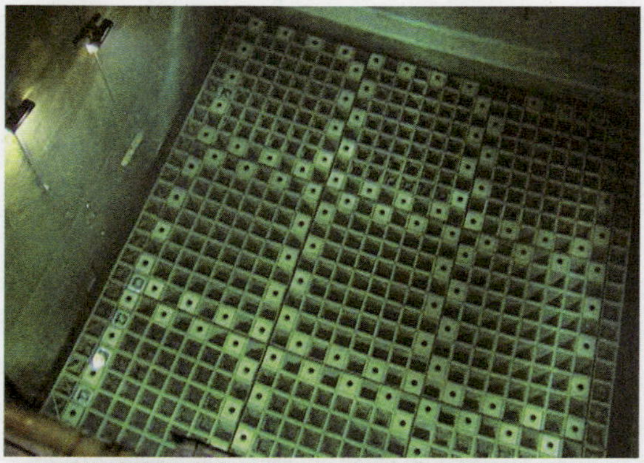

乏燃料还具有很高的热量，必须存放在能够吸附发射性的厚达12米的硼水中

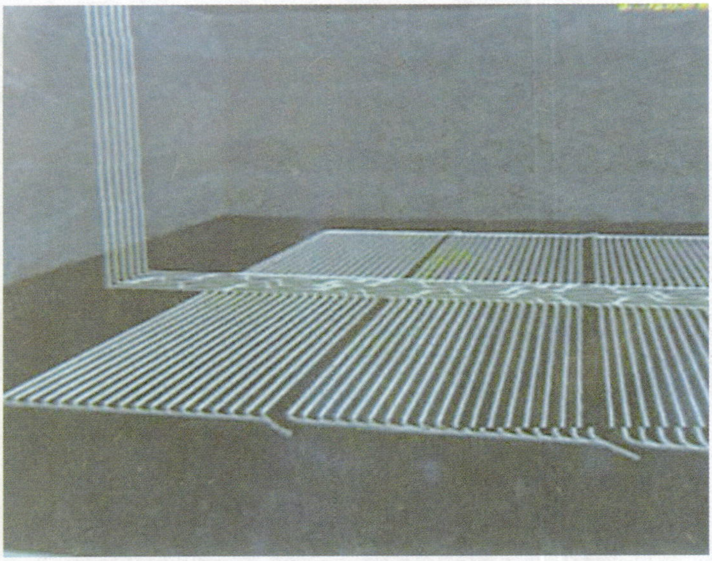

深地质处置就是在地表下500～1 000米深的地方建造一个处置库，当然，要找到合适的天然屏障——围岩，即用一块巨大的天然岩石做处置库的

高浓度放射性核素。这些高放废物就是每年从反应堆里换下的燃料棒，也称乏燃料。钚就是乏燃料中高浓度放射性核素的一种，人摄入10毫克钚就会死亡。

由于高放废物的高危险性，解决好高放废物处置这一重大问题，就解决了核能发展中最重要的环境问题。为此，早在20世纪50年代人类开始利用核能的时候，围绕高放废物的处置问题，科学家们就上天下海，极尽想像，提出了几种设想。但无论是宇宙处置，还是冰盖处置，或是海洋处置，这些方法都因遭遇种种不确定性而至今仍停留在设想阶段。

如何安全地处置高放废物实在是一个世界性难题。

目前，终于有了世界公认的比较安全可行而且能够达到工程实施要求的高放核废物处置方法——深地质处置，这是根本性的处置办法。

中国高放废物处置库将建在戈壁无人区

按照中国的核电发展规划，到2020年，全国每年都将新产生乏燃料1 000吨，这

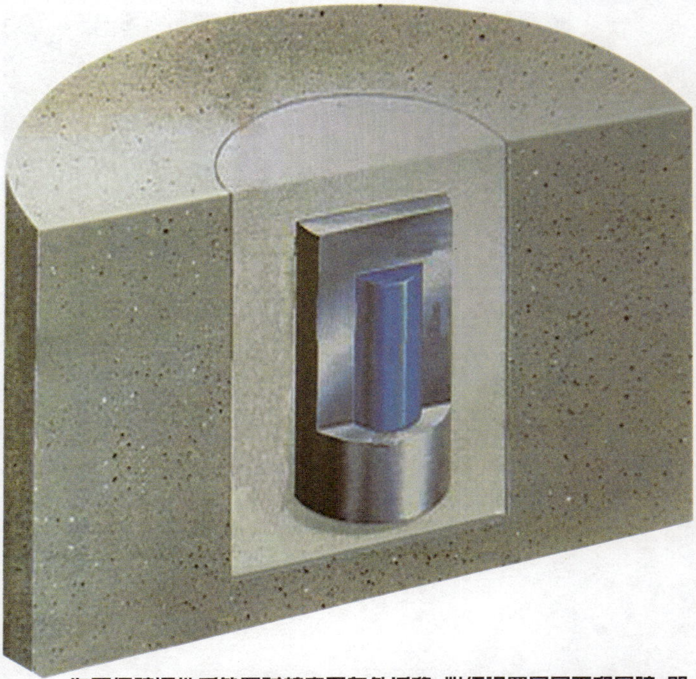

为了保障深地质处置时核素不向外迁移，必须设置层层工程屏障，即将乏燃料处理成高放废液后，进行玻璃固化，再将玻璃固化体装入金属罐，并在其周围加上填充材料

意味着中国乏燃料的逐年增加。为此，早在1985年秦山核电厂开始建造时，中国就开始研究高放废物的最终处置问题，并决定对高放废物进行深地质处置，建立高放废料处置库。转年，中国高放废物地质处置专家协调组成立，作为组长单位，核工业部北京地质研究院肩负起选址和场址评价等重任。

选址是建设高放废料处置库最重要的工作之一。高放废物处置的目的就是要让它们永远与人类生存环境隔绝，只有合适的场址才能形成阻滞核素迁移的最佳天然屏障即围岩，从而防止在大地深部发生泄漏，有效阻止放射性核素迁移到人类生活环境中。

选址工作在全国范围内展开，最终要找出一个面积大约为9平方千米的最适合于处置高放废物的区域。根据中国的核工业布局、地壳稳定性以及有关社会经济条件，课题组在西南、华南、内蒙古、华东和西北、新疆六个区域展开了调研。凝灰岩、黏土岩、花岗岩都曾被一些国家选做围岩，各种围岩类型在中国也都能找到，其中，花岗岩的分布最广，而且花岗岩的结构非常有利于以后的工程施工。花岗岩被确定为中国的围岩类型。

高放废物处置库的场址应设在经济相对不发达，人烟稀少，气候比较干燥的地方，设在地壳稳定即没有活动断裂、大的地震、火山喷发、滑坡等地质灾害的地方

按照花岗岩的分布，辽阔

的戈壁无人区成为重点调查对象。课题组在戈壁无人区预选出3个面积约400平方千米的预选场址，这样，目标范围便缩小到1300平方千米了。然而，要从这近1300平方千米范围内最终确定一个9平方千米的区域建立处置库，课题组所掌握的资料还远远不够——建立地下处置库需要了解场址三维的地质情况以及地层深部的水文地质情况和地质环境等。问题是，要获取不同围岩的这些信息，我们有些技术和设备尚力不从心，所以，场址评价难度之大，可想而知。

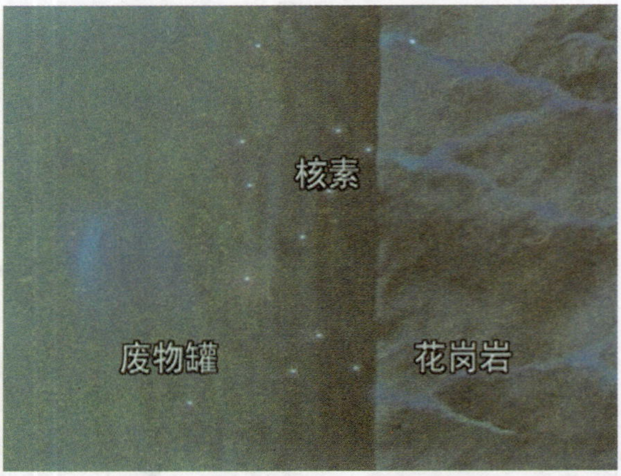

完整的花岗岩体虽然是阻滞核素迁移的有效围岩，但是作为一种脆弱性岩体，它会有许多裂隙，水很有可能通过这些裂隙对工程屏障进行腐蚀并将核素顺着裂隙带出处置库

理想的场址找到了

水是核素迁移的惟一介质，是高放废物地质处置库的大敌。茫茫戈壁虽然地表极其干旱，但是地下水依然存在，稀有的降水很有可能渗透到地下，这对高放废物地质处置库来说是非常危险的。详细了解预选场址地下花岗岩的裂隙和水文情况，是评价预选场址安全性的重要前提，要获取这些宝贵的资料就要进行钻孔实验。

人们处置核电站具有中低放射性废液的方法是，将它们和水泥搅拌在一起进行固化后，集中放在层层防护的储蓄室里，若干年后再对它们进行近地表掩埋。经过一段时间后，其中的放射性物质就会衰变至无害。这一类废物占核电厂废物的99%。这间近6000平方米的大房子就是秦山核电厂的水泥固化车间，存放着该厂自从1991年并网发电以来的所有中低放废物水泥固化桶

在哪儿打钻将决定日后是否能得到想要的资料。为了选定第一口钻孔的位置，课题组成员在茫茫戈壁开始了长期的野外地表勘查工作。

他们终于发现了一个理想的完整而巨大的花岗岩体。

2000年7月8日，高高的钻塔终于在预选场址处竖立起来，轰轰的钻机声在空旷的戈壁滩上响起。钻头使

人类的目光触到了深深的地下，课题组获得了展示地下700米深处地质信息的珍贵一手资料——岩芯。

野外勘察中偶见一朵小红花，一个队员特意返回5里路外的营地取相机拍下了这个戈壁上的稀罕物

每一块岩芯的切片标本都被迅速送到各个实验室。在高倍显微镜下，预选场址不同深度的花岗岩体的结构清晰地显示出来。这一区域地下的岩石为二长花岗岩，属高强度、高密度、低渗透率岩体，不仅能很好地阻止地表水分的渗透，还能非常有效地阻止核素的迁移。虽然二长花岗岩是一种高脆性花岗岩，岩体中必然存在很多裂隙，但是，课题组采取了很多办法也没能提取到地下水的样本，这说明，这一区域地下水非常少，对于处置高放废物是安全的。从切片还看出，这一区域地下水的流动性比较差，即使核素随着地下水迁移也很难流到处置库外面。

所有能够确定的资料都表明，这一区域为处置库提供了非常好的天然屏障，适合于处置库的建立。课题组至此所总结的关于场址选择和评价的方法，使中国在高放废物地质处置库场址评价方面达到了与先进国家相近的地位。

工地仓库里存放着第一号孔的128箱共703.08米岩芯。课题组成员为每一块岩芯都仔细地作了“出生证明”

2003年5月，课题组将再次进入那片茫茫戈壁，开始新的钻孔试验和对比性研究，以全面获取这一区域的地质资料。戈壁滩上将创建我国高放废物的处置库，那里是课题组成员挥洒汗水的地方，也是他们实现梦想的地方。

他们的梦，也是中国核工业发展的梦。

愿这个梦早日成真。

海上航天城

随着我国航天事业不断发展，我国的航天测控站从1980年开始向广阔的海洋扩展，我国是继美、前苏联、法之后的第四个拥有航天远洋测量船的国家。远望号测量船队航迹已延伸到三大洋，这支特殊的船队又被称为“漂浮的国土”。

1957年，苏联发射了第一颗人造地球卫星，宣告人类开始了探索太空的实践活动。现在，每天都有上百颗各类航天器环绕地球飞行。为了保证航天器按照人类的要求飞行和完成各种任务，每个航天器都要接受建在地球上的测控站的跟踪、测量和控制。由于受地球曲率的影响，一个地面测控站对低轨航天器的作用圈半径比较小。为了提高对航天器跟踪的覆盖率，人们自然想到了在占地球表面积70%的海洋上对航天器进行跟踪测量。为了适应航天事业发展的需要，我国于20世纪70年代开始组建远望号航天测量船队。

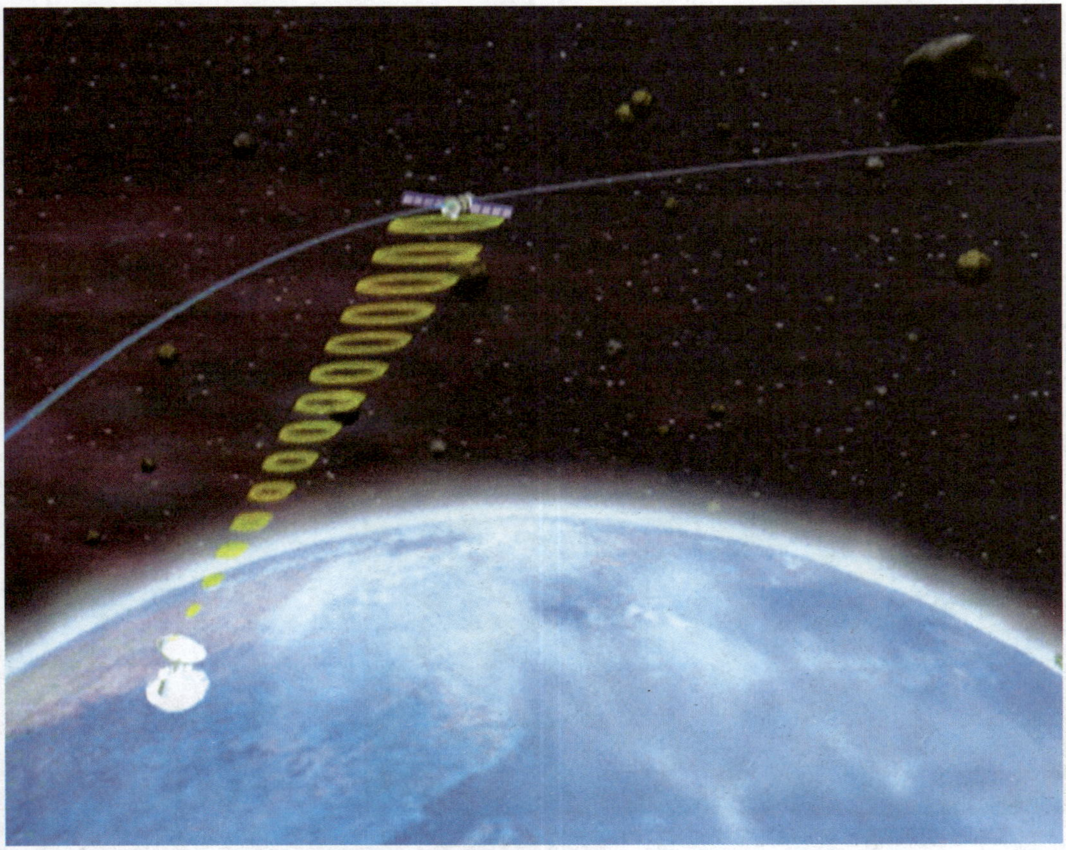

地面测控卫星

航天远洋测量船是我国航天测控网的重要组成部分

在我国“神舟号”飞船的飞行试验中，航天测量船队根据需要分别布置在太平洋、印度洋、大西洋三大洋上，对飞船进行跟踪测控。其中太平洋上两艘，分别位于日本东南和新西兰以东洋面；另外，印度洋澳大利亚西侧及大西洋南非西南洋面上各有一艘。测量船通过静止通信卫星接收航天指挥控制中心的各种数据和指令，实施对飞船的跟踪、测量和控制；用雷达跟踪数据经过船姿船位修正后确定飞船轨道，把反映飞船飞行状况的遥测信息和宇航员工作、生活情况的电视图像接收记录下来，与宇航员进行双向通话，及时将各种信息传送到航天指挥控制中心；与陆上测控站构成有机的整体，共同完成飞行试验任务。

“神舟号”飞船的飞行方案和轨道特点与航天测量船过去跟踪的航天器不同，这给海上测控任务的实施带来了许多新的技术难题。在飞船多天的自主飞行中，每一艘测量船要对飞船进行多圈的跟踪，四船一共要完成一百多个弧段的测控任务。这些任务主要包括：测量确定飞船的轨道；接收飞船下发的各种遥测信息；监视飞船的飞行状态； 控制飞船太阳帆板展开；向飞船注入各种控制数据；接收飞船的电视图像传输，建立地面航天指挥控制中心与飞船的语音通信；对飞船进行调姿、舱段分离、返回制动控制等；这些任务的完成对飞船的飞行试验有着至关重要的作用。

几个航天大国都使用过测量船

我国的远望号航天测量船是可以单船完成空间飞行目标定位、地空双向数据传输和岸船通信的综合性航天测量船。测量船建造吨位均为万吨级以上，在以18节航速航行时，续航能力18000海里，可航行于南北纬60度之间的任何海域。测量船的船舶系统主要由航海系统、气象系统和船舶动力系统组成。航海系统装备有先进的驾驶和导航设备；气象系统为船舶在各种恶劣海况条件下安全航行和航线选择提供决策依据，还为空间目标定位提供温、湿、压等气象参数。测

远望号航天测量船队

航天测量船上的雷达测控系统

量船的动力装置为一般船舶所不及，它不仅为测量船提供航行动力，而且为全船的测控设备提供电能，其发电能力足以满足一座30万人口城市的用电需求。另外，为了提高船的机动性，测量船还装备了特有的艏侧推装置，它是装在船头部位的侧推螺旋桨，提供向左或向右的侧推力，方便测量船转向。减摇鳍是测量船上的又一特有装置，它就像鱼鳍一样，装在船的两侧水下，船上陀螺测出船的摇摆信号，控制鳍的运动，使之相对船纵轴产生一个力矩，减少船舶的横向摇摆，从而提高测量的精度。

试验装备是完成各项测控任务的核心，而雷达和微波统一系统是其中的主要设备，它可直接对航天器和运载工具进行轨道测量、遥测、遥控以及完成与载人航天器通信工作。

船姿船位系统包括惯性导航设备、卫星导航设备、船体变形测量设备、经纬仪等，主要测量船舶在海上的位置和船体姿态，提供全船的位置和姿态的基准。中心计算机系统与各设备的终端微机连成计算机网络，对各种测量数据进行加工处理，指挥显示终端将测量数据加工成各种画面，为指挥员实施指挥提供依据。

测量船的卫星通信和海事卫星通信设备建立了与航天指挥控制中心的信息通道，与陆上测控站一起组成全球范围内的航天测控网。另外，天地超短波通信设备担负着与宇航员直接通话的重任；时间统一系统为全船各设备提供标准时间和频率信号，它可以将时间同步精度控制在万分之一秒内，保证船内各测量设备及测量船与其他测控站同步工作。

二十多年来，海上远洋测量船队已累计安全航行七十多万海里，相当于绕地球三十余圈，40次担负国家级重大海上试验任务，成功率达100%。远洋航天测量船集先进的造船、航海技术于一身，装备了我国最先进的航天测控通信设备，被誉为是“海上航天科学城”。

人造“天穹”

穹顶建筑象征着天穹。它没有缝隙，没有棱角，没有拐角，通体光滑，十分圆满。与其他大型建筑相比，穹顶建筑更多地象征着建造者最为看重的东西，它体现着比自身更加高大的事物。

穹顶建筑作为天国的象征已经有2000年的历史，人类终于得到了一个伟大的构想：我们有可能创造出一个最大的穹顶，把自己带上天空，飞向用天空组成的穹顶。

覆盖着穹顶的万神庙——罗马惟一供奉所有神灵的庙宇

公元117年，哈德良继任罗马皇帝。他知道，必须显示出自己是世界上最有权势的人。为了控制那些自恃前朝元臣而凶悍傲慢的将军，他做出了从现在的伊拉克和阿拉伯北部地区撤军的决定；为了震慑人心，他命令在罗马的圆形角斗场连续进行了6天角斗竞赛；在他生日那一天，他下令屠杀了1 000头野兽……哈德良更建造了千古不朽的纪念性建筑，向世界宣告他和他的帝国是不可战胜的——这就是万神庙。

作为学识渊博的建筑大师、古代世界少有的革新者，哈德良皇帝的思想深刻地影响着万神庙的设计和建造。当时的大型公共建筑几乎全是矩形的，但哈德良天才地发现，穹顶可以使一幢建筑表现出比其自身更加高大的事物。于是，万神庙用穹顶覆盖理想化的罗马疆域，穹顶的上部代表天国。这座超凡脱俗的建筑物是众神聚会的场所，他们赋予罗马统治世界的权力。

这幢建筑有很多地方值得大书特书：首先是它巨大的规模，你不可能一下子将它尽收眼底；然后是室内的光圈，它们是从顶部的圆形天窗照射进来的，就像来自天国的讯号，抓住你的心灵。万神庙打动和震慑了所有来到这里的人。

万神庙极为明显地表现出一个观念：罗马帝国是罗马统治者的产物。哈德良皇帝要将所有的神灵召集到这座穹顶下面，他不惧怕人间的任何力量。万神庙向世界宣告罗马是世界文明的中心，罗马的地位是由上天批准的

万神庙的规模展现了建造穹顶的基本工程问题。穹顶上部向中心弯曲，产生一种压力，支撑着整座砖石建筑；穹顶顶部的压力使得开窗户成为可能，在压力作用下，圆形的窗楞异常坚固和稳定。在建造中期，穹顶的重量开始产生向外的推力——张力，导致万神庙的底部出现了裂缝，为此增加了数层混凝土块加固圈，使穹顶的重力方向转移到较薄的墙体上。工程师们为减轻建筑物重量所创造的办法成为工程技术可以造就伟大艺术的经典例子：穹顶的顶部开了一些圆形天窗，色彩斑斓、变幻莫测的阳光使得万神庙名噪一时。精致入微的藻井可以减少使用笨重的石材，接近天顶的部位使用密度较低的混凝土，又减掉了不少重量。这一切，使万神庙这座穹顶建筑存世达 1 500 年之久。

利用穹顶可以建造出一个完全开放的内部空间——万神庙的内部结构

穹顶使索非亚大教堂成为最复杂的古代建筑

罗马帝国在入侵者的铁蹄下轰然倒塌，残存了个东罗马帝国，建都君士坦丁堡。公元5世纪初，东罗马帝国的被称为“基督教皇帝”的康斯坦丁大帝镇压了一场叛乱，杀死了3.5万人。此时，康斯坦丁大帝迫切需要证明自己仍然拥有上天赋予的统治权力，他命令修建一座异常雄伟的大教堂：索非亚大教堂，而且要在教堂的顶上覆以原先异教徒用来象征天国的造型：穹顶。

正是穹顶使得索非亚大教堂成了最复杂的古代建筑。在此之前，几乎所有的基督教建筑屋顶都是尖耸的，建在矩形或方形的地基之上。建造索非亚大教堂的穹顶，遇到了一些几何学上的难题：如何将一个圆顶盖在一个矩形上面？建筑师们在矩形的四个角上建立四个粗大的支墩，在支墩的上面建造四个拱形，在拱形与拱形之间的空隙用石头砌成四个弯曲的三角形的穹隅。它们和拱形一起构成穹顶的基座。这种办法是处理穹顶基本问题的最佳方案。对于康斯坦丁大帝，最为重要的是，索非亚大教堂的穹顶雄居

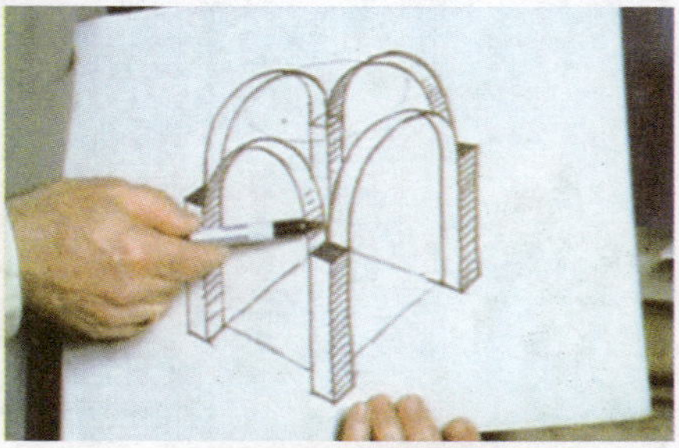

索非亚大教堂结构图

基督教的城市君士坦丁堡的象征——索非亚大教堂

在拱形和穹隅之上，超过了整座城池和他的臣民。

索非亚大教堂作为基督教城市君士坦丁堡的象征延续了900年。

米尔玛清真寺——一封独特的情书

苏莱曼清真寺

土耳其帝国年轻的苏丹穆罕默德二世攻破了君士坦丁堡后，下令将举世闻名的索非亚大教堂改成清真寺。由这座清真寺引发的灵感，孕育出在建筑史上最为绚烂多彩的穹顶风格。这种风格的创始人是锡南，他受命于伟大的苏丹苏莱曼大帝，建造一座独特的清真寺，它必须让人一眼就能看出伊斯兰教的标志。

锡南在利用窗户和光线方面的成就大大超出了前人，他在索非亚教堂的基础上设计出了穹顶清真寺，像苏莱曼清真寺，他的米尔玛清真寺还被世人称作“一封独特的情书”。据说，当时已是老年的锡南爱上了一个他不该爱的女人——苏莱曼大帝的女儿米尔玛公主。她那时正陷入一段没有爱情的婚姻之中。锡南为她修建了米尔玛清真寺，通过它表达自己强烈却又无法用言语表达的情感。这是锡南所建的最漂亮、最明亮的建筑。他只用四根支墩就支撑起整个穹顶，在四周安装了一排窗户，并且空间开阔。米尔

土耳其帝国建造穹顶清真寺时，穹顶为一圈套在一起的拱形集合，不再是浑然一体的贝壳状的覆盖物，这样就意味着可以将拱形与拱形之间的空间作为开窗的地方。这是苏莱曼清真寺内部图

玛清真寺是真正的大师杰作，它表明，艺术和工程学是可以完美地结合在一起的。

米尔玛清真寺单个的尖塔给我们提供了这段爱情故事的证据。作为苏丹的公主，米尔玛可以修建两座尖塔，但她在锡南建完第一个尖塔时就让锡南停止了——她用单个尖塔昭示自己孤寂的心境。

圣彼得教堂是人类利用石材建造大型穹顶的极限

16世纪的意大利。雄心勃勃的教皇发起了一项持续时间达一个世纪之久的工程——建设新的圣彼得教堂。

1506年，尤里乌斯二世效法罗马皇帝和土耳其苏丹，决定用穹顶建筑作为权力的象征，表达教会和教皇的至高无上的权威。工程的总工程师布莱门特在设计新的圣彼得教堂穹顶时，将万神庙的穹顶设计构思加以放大，希望借更加高大的穹顶展示自己的才华。1514年，布莱门特去世。

此后的20年里，接手工程的都是一些才智稍逊的人物。对此，布莱门特当年的竞争对手艺术家米开朗琪罗再也抑制不住自己的不满，他致信教皇，历数当时穹顶设计的种种弊端。教皇同意了他的看法，任命米开朗琪罗作为圣彼得教堂工程的全权负责人，当时米氏已72岁。

米开朗琪罗的新设计具备了布莱门特所欠缺的宗教视野：整个建筑象征天地，建

圣彼得大教堂

筑底部象征人间万物，穹顶顶部象征天国，它将成为天国与尘世在此交会的标志，成为罗马天主教堂的中心。为了支撑巨大的穹顶，建造者们在建筑的外围加了三道铁箍，抵挡住向外的张力。1604年，穹顶竣工，但其前所未有的重量大大超出了铁箍所能承受的力量。穹顶的底部出现了一些明显的裂缝。到18世纪初，出于对穹顶倒塌的恐惧，梵蒂冈的工程师们在圣彼得教堂的外围又增加了数道固定箍，但这只是权宜之计。尽管巨大的穹顶经受住了时间考验，但是危险的警报已经十分明显，这已经是人类利用石材建造大型穹顶的极限。要想建造全新的穹顶需要技术上的革新。

乔治·华盛顿引发了穹顶从宗教象征向民用建筑的转化

美国国会大厦

乔治·华盛顿总统，这位美国大革命的英雄，激烈地反对独裁统治，他决意在国会大厦的顶部加上一个穹顶，因为穹顶能够体现国会权力至高无上这一思想。华盛顿认为，国会大厦建得越辉煌、越独特，就越能使对新政府尚存疑虑的人民对国会肃然起敬。

国会大厦的第一个穹顶是用木头造的，不光模样没人喜欢，它还是一个容易着火的火把。随着国家的飞速发展，国会也在不断膨胀，国会大厦必须扩建。那么，如何建造一个更高更重、墙壁不被推开、不出现裂缝的穹顶？设计者们想出了一个很有创意的工程学点子：这个穹顶其实只是一个很薄的外壳，用36根弯曲的铁制拱肋构成。我们看不见拱肋，但可以从外面看到它们撑起的穹顶。外壳与拱肋拴在一起；底下有一个较小的穹顶，它的顶部是开口的；内壳能自己支撑住，但也与拱肋相连。穹顶从柱子到饰物都是用铸铁铸造的，这样不仅不会出现裂缝，更大的优势在于，铸铁可以铸造成任何形状和尺寸，然后就能像搭积木一样把它们组装起来。建造速度大大加快了。

1863年12月，穹顶终于修建完成了，它成为美国的国家圣殿。遭到暗杀的林肯总统的遗体就是被移到这里，躺在国会大厦的穹顶之下。国会大厦的穹顶至今依然是美国人的力量和理想的象征。

尽管国会大厦的穹顶具有古典的外观，但它的铁制框架预示着一个新时代的来临。这个新的时代将孕育出新的高楼大厦，如摩天大楼、火车站等。伦敦的潘克拉斯火车站所用的技术和美国国会大厦的一模一样。人类利用全新的钢铁材料可以轻松驾驭更大的跨度。

用网格穹顶覆盖起来的人工气候室

20世纪，穹顶建筑技术上的革新召唤出了网格穹顶，它的创造者是巴克敏斯特·富勒。

出身园艺设计师的富勒认为，几何学包含着最基本的真理，它们可以改造我们的生活环境。他摸索着用三角形建造一个三维的模型，他从有20个三角形的20面体开始，将每个三角形平面不断细分成更小的三角形平面，一直到20面体变成一个球体。接着，他把球体切成两半，形成了他所说的“网格穹顶”。这种用最不起眼的三角形部件拼凑而成的穹顶，几乎可以用任何材料来覆盖弧面。轻盈、结实、经济、美观，很快就在世界上传播开来，被用来建造各种各样的物品。

1992年，天才的富勒建成的周长250多米、具有世界第一跨度的建筑——佐治亚穹顶对外开放，它简直就是一座小型城市，里面装备了所有服务设施，可以满足7万

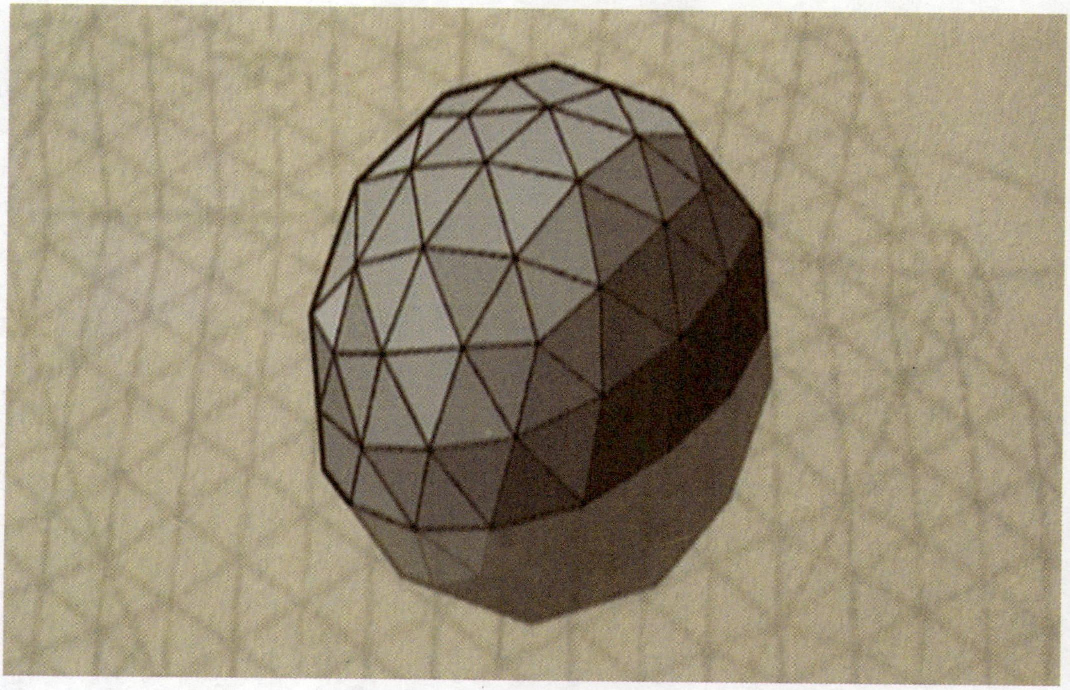

佐治亚穹顶

人的所有需求。每一个来到穹顶底下的人都会发出惊呼，他们最想知道的是：穹顶怎么不会掉下来？它是怎样悬在空中的？答案寓于一个工程学上的突破，富勒称之为“预应力”。

富勒说，他的预应力的灵感来自一个圆形帐篷的启示。这个帐篷原由垂直的支柱支撑，但为了使运动场地中间不受阻碍，必须撤走这些支柱。于是产生了张力。预先固定的绳索把支柱固定到位，使三角形在各个方向受到的力量保持平衡，最后形成一个穹顶。正是通过压力和拉力的交叉作用，才使预应力让穹顶飞了起来，高高地悬在看台和球场的上空，仿佛地球引力对它失去了作用。

在圣路易斯，一个用网格穹顶覆盖起来的人工气候室里面生长着一片郁郁葱葱的雨林。人工气候室不仅仅是一个开阔的空间，它还是一个完整的栖息地，保护生物不受到外面恶劣环境的影响。或许人工气候室可以被当成是一个样板，人类最终可以利用穹顶建造出一个新的世界。有朝一日，当我们要想到月球或其他星球移民时，就得带上一个用穹顶包裹起来的人工环境——不管外面的条件多么恶劣，生活在里面的生命都可以得到繁衍。

地球最后的疆域——隧道

在历史上，隧道像一座座不为人见的里程碑，记录着人类勇于冒险、不懈努力的伟大历程。

隧道其实是一种最古老的大型建筑，如果没有它，人类的文明可能被改写。

古罗马城水道

隧道成为人类新的通道，人类穿过隧道勇敢地向地球最后的疆域挺进。

荷萨克隧道是硬质岩石隧道的里程碑

运河是19世纪主要的运输通道，它把工业革命的成果带进了19世纪，但是雄心勃勃的人们对慢腾腾的水上运输失去了耐性。他们要求更快、更有效的运输方式，于是铁路代替了运河。铁路迅速占据了运输的主导地位，并且向全世界延伸。

纽约人和马萨诸塞州人为进入阿帕拉契亚山脉以西的广阔市场展开了竞赛。纽约人通过伊利运河占了先机。1851年，马萨诸塞州人决心修建一条铁路来赶超对手。西进的最佳道路上存在一个障碍：崎岖不平的荷萨克山脉横在中间。为了缩短工期，两支队伍同时从山的两侧开工。

在荷萨克山脉的坚硬岩石上施工既累又危险。大部分工作都花在钻孔、填火药、炸岩石上面。工程进展缓慢，问题出在火药上，它根本对付不了坚硬的岩石，每次爆炸都只能伤其皮毛。一个英国化学家乔治·摩保里来到美国并随身带来了一种叫作硝化甘油炸药的新配方，但是这种炸药的安全性能无法保证，它常常突然爆炸炸死工人。

现代城市隧道

那是一个极为寒冷的夜晚，负责运送硝化甘油炸药的马车在爬山的路上翻车了，押车的工人以为自己死定了，可是炸药没有爆炸，原来在运输途中硝化甘油炸药被冻住，很难引爆。尽管纯属巧合，但是从此以后，人们运输硝化甘油炸药时都把它冷冻起来，这样大大提高了安全性。

硝化甘油炸药大大提高了工程速度，但是钻炸药洞仍然很慢。当高压气钻第一次在荷萨克隧道投入使用时，钻洞速度提高了3倍。高压气钻的一个优点是当空气从尖端喷出时它能带动空气的流动，为此解决了一个悬而未决的隧道通风问题。今天还在被人们使用的荷萨克隧道是硬质岩石隧道的里程碑。在修建隧道的21年里，手工作业让位于爆破作业和机械化作业。

布鲁内尔因发明隧道挖掘盾而被后人铭记

爆破和机械钻对于在松软潮湿的河床里挖掘隧道并没有丝毫帮助，这个问题困扰人们达800年之久。直到19世纪，一个住在伦敦的法国工程师马尔克·布鲁内尔想到了对策。当他还是一个年轻海员的时候，他看到一种能够钻透船甲板的小动物，它头上有硬硬的外壳作为盾牌，它一边打洞一边分泌出一种能够在洞的内侧形成致密隔层的物质。布鲁内尔想模仿这种蠕虫设计出一种隧道挖掘机器。1824年1月，英国议会批准布鲁内尔在泰晤士河河底挖掘隧道的计划，这等于认可他的新发明，隧道挖掘盾问世了。

过去也有人想在泰晤士河下面挖掘隧道，但这些努力均因经受不住水的压力和重力而告失败。1825年，泰晤士河上已架起了7座大桥，还是不能满足交通的需求。伦敦人期望马尔克·布鲁内尔能成功，而他的隧道挖掘盾是能否成功的关键。在泰晤士河隧道施工时，工人们进入36

个独立的小隔间，在每个工人都挖掉自己隔间前的河泥之后，挖掘盾的盖子也向前顶，直到各个隔间都对齐为止。在用挖掘盾的盖子支撑河泥的同时，跟在挖泥工人后面的泥瓦匠用砖块在隧道内侧砌起一道隔层。但是隧道挖掘盾在水下施工时也暴露出它的缺陷，挖掘盾开动不久就严重偏离路线。从挖掘盾的木板缝里不断渗进水，隧道里有沼气，工人们喊头疼，隧道工程从此一搁就是7年。

布鲁内尔并没有因此放弃，他带着改进过的挖掘盾重新进入隧道，又用了7年时间才完成隧道工程。1843年3月25日，泰晤士河隧道正式开放。布鲁内尔因发明隧道挖掘盾而被后人铭记，这种隧道挖掘工具从此以各种形式被人们使用，成为在各种复杂地形下挖掘隧道的基本工具。

地铁和汽车隧道有效解决了交通拥挤问题

19世纪中叶，伦敦人迫切需要某种地下通道来避开地面上的交通拥挤。最直接的方法就是修建地下铁路。南非发明家詹姆斯·格瑞海对布鲁内尔的挖掘盾作了彻底的改造，使在城市底下挖掘隧道时不会毁坏上面的街道成为可能。改造后的挖掘盾顶部带有一个能够旋转的切割钻头，并由液压机驱动。这种挖掘盾样子像一只可乐罐，旋转的钻头可以支撑住地基。使自动操作与整个挖掘过程融为一体。在挖掘盾的保护下，工人们在隧道内壁砌上一层铸铁隔层。这比用砖头砌隔层快捷多了。工人们把铸铁块一一拼接起来，形成一个牢不可破的地下通道。

伦敦的第一条电气化地铁建成，在当时是一个巨大的成就。地铁是伦敦成为现代化城市最重要的因素之一。泰晤士河隧道也成为伦敦地铁系统的一个部分。世界各国纷纷兴建地铁，不久，纽约、波士顿、布达佩斯和巴黎也拥有了足以自夸的地铁。

尽管修建地铁取得了成功，但是并没有从根本上解决市区的交通拥挤状况。纽约市在1920年决心在哈得孙河河底建设一条汽车隧道。纽约把宝押在了一个聪明的年轻工

现代地铁

程师克里夫特·霍兰身上。因为他说他能解决第一条水底汽车隧道的通风问题。

霍兰隧道

霍兰隧道是一条极长的水底隧道，每天通过的汽车大约有10万辆，如果不能清除掉汽车尾气，大多数司机就有可能会一氧化碳中毒。因此在设计这条隧道的时候，霍兰先计算出人体能安全呼吸的一氧化碳含量，然后设计出可以清除毒气、引入清新空气的系统。他的解决方案成为解决长距离隧道通风问题的模型，并一直沿用至今。霍兰的方案相当简单，却闪烁着天才的灵光，他采用的是巨型风扇。他在哈得孙河的两侧各建2幢，共计4幢10层楼高的通风大楼。里面安装了84架直径达2.4米的巨型风扇，这是当时最大的风扇。这些风扇把清新的空气吹进了隧道，清除了汽车的尾气，保证每90分钟彻底更新一次隧道内的空气。

霍兰隧道用的巨型风扇

英吉利海底隧道是有史以来最长的水底隧道

到了20世纪80年代，英国人最终决定修建英吉利海峡海底隧道。英国首相撒切尔夫人于1986年和法国总统密特朗签署了修建英吉利海峡海底隧道的协议。英吉利海峡海底隧道将成为有史以来最长的水底隧道，也将是造价最高的建设工程。

英法两国间的竞争转变为一场友谊竞赛，双方从各自的出发点开始动工，信誓旦旦地声称自己会最先冲到中点。工程师们预计3年就可以大功告成。工程中使用了隧道挖掘机，从50年代起，隧道挖掘机便投入了使用，这种自动化设备具有防护装置，可以挖掘各种类型的隧道。在它的身后还带有一整套的辅助设备。工人们日夜工作在这个庞然大物里。除了笔直地挖掘隧道，铺设水泥隔层外，施工队还建造了两个巨大的空洞，分别位于隧道两端大约1/3处。这两个大洞叫做转线站，有了它们，隧道大修时列车还可以继续通行。这些转线站长150米，宽21米，高15米，真是一个伟大的工程，它是深入海底的最大的地铁站。1991年春天，英国人率先抵达中点。3条通道全线贯通，标志着英吉利海底隧道成为现实。英法海底隧道在人类历史上第一次将英法两国实实在在地连接在一起。

英吉利海底隧道

英、法两国工人在英吉利海底隧道中点会师

像英吉利海底隧道这样的大型工程毕竟很少，拥挤不堪的城市迫使我们建造更多的城市隧道。从某种意义上说，现代城市的隧道系统就是城市底下不断延伸的生命维持系统。

人工合成可燃冰

目前地球上的化石能源最多只能维持200余年。为了寻找新能源，各国科学家开始把目光转向大洋深处，去寻觅沉寂了上千万年、像冰却能像煤炭一样燃烧的神秘物质——可燃冰。

最近，我国科学家人工合成并点燃了可燃冰。这些洁白无瑕的可燃冰让人们看到了新能源开发的新曙光。

科学家经过多年研究发现，可燃冰在自然界有着广泛的分布。除冻土带外，在海洋深处、大陆、岛屿的斜坡地带和极地大陆架等环境中，蕴藏量也极为丰富。由于在标准条件下，1立方米的可燃冰释放出的能量相当于164立方米的天然气，如果可燃冰能被有效地开采和利用，它将成为一种不可多得的新能源。

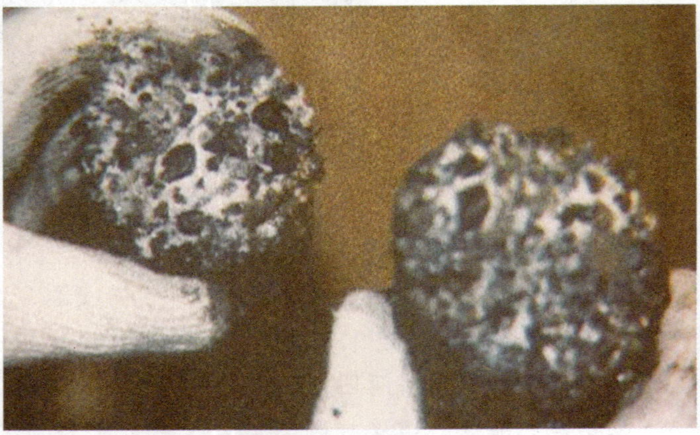
冻土带地层中的可燃冰

可燃冰的主要成分是甲烷和水，这两种物质只有在特定的条件下才能结合在一起，形成可燃的天然气水合物。所谓特定的条件就是指高压和低温，只有在这样的条件下可燃冰才能够稳定地存在，这也正是为什么会在寒冷的冻土带和高压的深海处才能寻到它们的原因。一旦温度与压力突破了可燃冰存在的极限条件，可燃冰会很快地被分解。为了准确地了解可燃冰的生成和分解所需的压力和温度，必须进行人工合成可燃冰的实验。

在纯水中成功合成可燃冰，这为人工合成可燃冰提供了科学依据

前不久，专门研究可燃冰的青岛海洋地质研究所的研究人员，在实验室里成功地合成了可燃冰，并记录了可燃冰生成和分解条件的准确数据。这些数据为今后大规模地开发和利用可燃冰提供了可靠的理论依据。

三点光

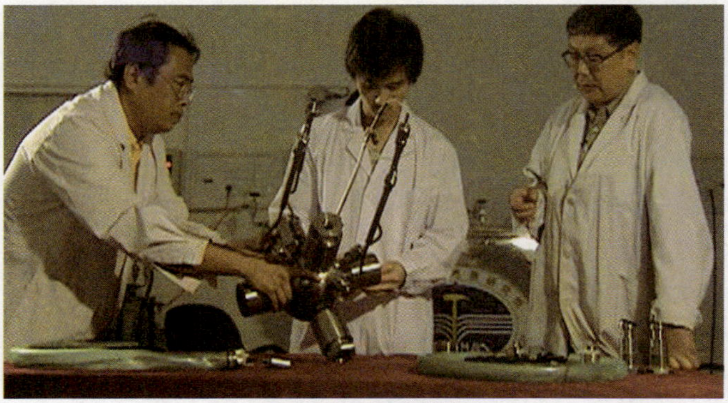
合成可燃冰的反应釜

合成可燃冰用的主要装置是反应釜，在反应釜里可以模拟可燃冰的形成过程。因为反应釜是用不锈钢制成的，看不见里面的反应情况，所以科研人员在反应釜内安置了一套特制的摄像及照明装置，用来准确地记录可燃冰的形成过程。这套摄像及照明装置有一个比较突出的特点，即摄像和光源同处一个窗口。根据光的反射原理，当光源的光线照入反应釜的时候，釜内的水会将一部分光线反射回去，如果摄像头和光源在同一方向，就会受到反射光的干扰。为此研究人员把原来照明用的环形光源改成了三点光源，这样一来减少了入光量，从而减弱了反射光的干扰。通过三点光源，可以在监视器里清晰地看到反应釜内发生的一切。但是，仅仅通过肉眼观察还不能准确地反映可

我国科学家成功地合成并点燃了可燃冰

燃冰的形成条件，摄像头上的光源却能弥补这一缺陷。因为光线通过不同物质时，它的光通过率是不一样的，越不透明的物体，光通过率就越低。由于冰的光通过率要比水低得多，所以科研人员通过光通过率的变化就能了解反应釜内可燃冰的形成情况。

要想在实验室里生成可燃冰，就必须使反应釜内的水中溶解足量的甲烷气体，但这仅仅是实验的第一步。要使一种物质充分溶解在水中，就需要有一定的时间，该时间被称为诱导时间。如何能加速溶解以缩短诱导时间？这就需要施加一定的驱动力对其进行搅拌。实验室内合成可燃冰同样需要驱动力和诱导时间。在自然界中，可燃冰形成的诱导时间十分漫长，可能是几百万年，甚至上千万年。甲烷气体经历了漫长的岁月后，逐渐地被水包容了起来，从而形成天然气水合物。为了缩短实验室合成可燃冰的诱导时间，将数百万年的形成过程压缩在几天之内完成，就必须大幅度地增加驱动力。具体方法就是在反应釜内使用一个磁力转子来进行搅拌。在水槽下端磁力装置的作用下，磁力转子会不停地转动，从而加速甲烷在水中的溶解过程。

当甲烷在水中充分溶解后，研究人员就开始不断地给反应釜加压，直到能模拟500米深度的海底压力条件为止。当反应釜内的压强达到8兆帕时便可停止加压，此时打开控制仪给反应釜降温。为了准确地记录反应釜内因温度降低而引发的变化，整个降温过程必须十分缓慢。经过大约1天的时间后，反应釜内保持8兆帕的压强和5～6摄氏度的温度条件时，再透过监视器观察，这时就发现反应釜内已经产生了一些絮状固体。随着温度的继续降低，反应釜内的絮状物会越积越多，最终形成大量的白色冰块。科研人员把冰块从反应釜中取出，敲碎后点燃，这些冰块便开始燃烧，证明它就是可燃冰。研究人员把实验数据记录下来并加以分析，就得到一张纯水中可燃冰的生成相图。通过相图，就可以清楚地了解纯水中可燃冰形成所需的条件。这些可贵的实验数据为实验室内合成可燃冰提供了可靠的科学依据。

在沉积物中成功合成可燃冰，这对开发利用海底可燃冰意义重大

大海深处的自然条件和纯水的环境条件有很大的差别。海水中含有大量的泥沙和其他的沉积物，而纯水中却没有。为了更接近海底的真实情况，研究人员在纯水中加入了沉积物，然后重新模拟可燃冰的形成过程。他们从海边找来了一些沙子，把这些沙子加到反应釜里来代替沉积物。由于高压釜里面充满了沙子，阻挡了微型摄像机的镜头，这样再用光探测就不能奏效。怎么办？研究人员决定采用超声探测法来观测反应釜内的情况。他们在反应釜的两侧分别安装两个探头，一个用于发射超声波，另一个用于接收超声波。和光在不同介质中传播的情况一样，当声波在不同介质中传播时，其传播速率也各不相同。当反应釜内生成可燃冰的时候，波速就会发生改变。科研人员原本打算通过这种方法来观测沉积物中可燃冰的形成情况，但是实验结果表明，这种探测方法有一个致命的缺陷，即当反应釜内的水合物生成量较少的时候，波速变化极不明显，看来此方法并不可行。

经过多方研究和实验后，科研人员发现了一种新的探测方法，那就是利用超声的频率变化来观察可燃冰的形成过程。超声波具有好几项参数，除了波速外，还包括声幅和主频。研究人员在实验过程中发现，当反应釜内的情况发生变化的时候，超声波的主频也会有一些规律性的变化。通过多次实验表明，当温度降低、水合物刚生成的时候，主频会突然增加，并且在生成水合物这段时间里始终保持这一频率。当水合物分解时，主频又回复到原来的频率。为此根据主频的变化就能探测到沉积物中可燃冰的生成情况。

研究人员利用这种方法进行了多次沉积物中模拟可燃冰的生成实验，并最终发现，在沉积物中，只要压强达到8兆帕，温度低于8摄氏度时，就能生成可燃冰。而在纯水试验中，温度只要低于10摄氏度就能生成可燃冰，这说明在沉积物中生成可燃冰的温度比纯水中要低一些，这些数据对于今后开发利用可

超声探测法的两个探头

海洋深处的可燃冰

燃冰具有非常重要的意义。

如今，青岛海洋地质研究所已经建成了我国首座具有多种检测手段的海洋天然气水合物模拟试验室，将对海底可燃冰的勘探、开采和保存进行更深入的研究。也许在不久的将来，可燃冰，这种蕴藏在海底的神秘物质将走进寻常百姓家，成为能源的新宠儿，为人类社会的发展作出新的贡献。

知识点：可燃冰

可燃冰，实际上是天然气水合物的俗称，它的主要成分是水和甲烷。天然气是一种可以燃烧的气体，其主要成分是甲烷。在特殊条件下，水和天然气结合后便形成了可以燃烧的天然气水合物。

早在19世纪，人们在寒冷的冻土带首先发现了可燃冰。它们外形像冰，却能像煤炭一样燃烧。经过多年的研究，科学家发现，可燃冰不仅存在于寒冷的冻土带，在海洋深处、大陆、岛屿的斜坡地带和极地大陆架等环境中，蕴藏量也极为丰富。由于在海洋深处常常有大量的甲烷气体产生，在高压条件下，甲烷逐渐被水包容，经过几百万甚至于几千万年后形成可燃冰。这一发现，给人类解决逐渐临近的能源危机带来了新的希望。

垃圾填埋气新利用

1997年1月，国家环保总局开始实施全球环境基金组织有关“推动中国城市垃圾填埋气体收集利用”示范项目。全球环境基金组织是由联合国组建的，其任务是争取发达国家的捐款来帮助发展中国家开展改善全球环境的工作。6年过去了，这个项目已基本完成，它给我国城市生活垃圾的处理和利用带来怎样的变化呢？

鞍山市羊耳峪垃圾卫生填埋场净化沼气用的高塔

垃圾填埋气：利弊参半

据统计，我国城市生活垃圾年产生量超过1亿吨，并且每年以8%的速度递增。到目前为止，我国城市生活垃圾积存量超过30亿吨。目前各国处理垃圾主要采用两种方式：一种是焚烧法，另一种是填埋法。我国垃圾处理一般以填埋法为主。

垃圾填埋后经过自然发酵，会产生出大量的气体，科学上称其为垃圾填埋气，人们习惯称它为垃圾沼气，它的主要成分是甲烷。甲烷本身是一种无色、无味、无毒的可燃气体，燃烧后产生水和二氧化碳，是一种清洁燃料。但甲烷又是一种强温室气体，其温室效应比众所周知的二氧化碳大22倍。全世界每年因为垃圾填埋气而排放的甲烷量就有上百万吨。然而，垃圾填埋气的危害远不止于此。甲烷虽然是一种无毒气体，但它对人体却有一定的麻醉作用，当它在空气中的浓度超过50%时就会使人昏迷。调查表明，填埋场地表的甲烷含量比一般地区高23倍，长期弥漫着的甲烷阻碍了垃圾场附近植物的良好生长。更可怕的是当甲烷在空气中的含量为5%～15%时，只要有一点火星就会引起爆炸，这将严重地威胁人们生命财产的安全。

我国城市生活垃圾有机质含量较高、水分大，有利于沼气的产生，而且产气速度快。这说明我国的填埋沼气是可以有效利用的。

垃圾填埋气的利用主要有两种：一是直接作为民用燃气，它的工艺简单易行，但因为垃圾场离城区较远，管道铺设投资大；还有一种是用来发电，这是国外最常用的方法，但对于我国来说，发电机组大部分需要进口，成本太高。那么有无更适合我国利用的方法？

用垃圾填埋气制取汽车燃料：变废为宝

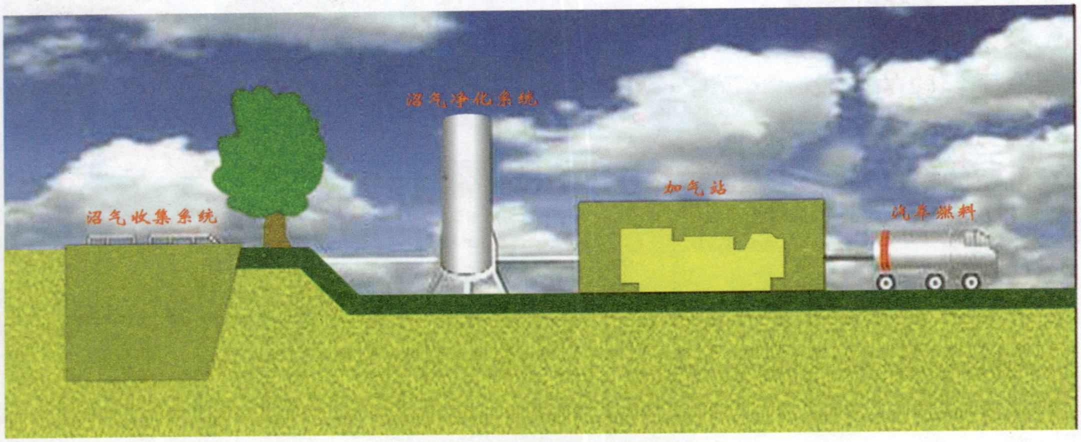

垃圾填埋气制取汽车燃料示意图

垃圾填埋气制取汽车燃料是一种很好的利用方式，但是相对于民用燃料、发电来说，它对沼气净化的质量要求更高，到目前为止，只有美国洛杉矶的一家填埋场在使用这项技术。为了探索一条适合中国国情的填埋气利用途径，鞍山焦化耐火材料设计研究总院的一个课题组开始了长达3年的艰苦探索。他们经过反复试验终于找到一种叫多胺溶液脱碳的沼气净化方法。

多胺溶液是一种在化肥工业上用来除去二氧化碳的碱性物质，它不易挥发，稳定性好，腐蚀性小，对设备的要求相对较低，是理想的溶液。然而在实际操作中有一个不容忽视的问题，即化肥领域中的多胺溶液都是在高压情况下使用的，这样可以充分地与气体反应。从垃圾场的安全和费用上考虑，沼气的净化需要在常压下进行。但是到目前为止，还没有常压下进行沼气净化的先例。科研人员经过计算论证，证明从理论上讲在常压下用多胺溶液净化沼气是可能的。科研人员在中试阶段要解决的首要问题是如何在常压下提高吸收效率，达到净化标准。

在两座高高的塔里，垃圾填埋气的净化经过如下步骤：从城市生活垃圾中采集到的沼气首先进入吸收塔，由塔顶喷出多胺溶液，使沼气中的酸性气体被溶液吸收，生成一种不稳定的化合物，这些化合物遇热易分解，净化后的沼气从塔顶导出，化合物则进入另一个塔——解析塔里加热。被吸收的酸性气体从溶液中分离出来，经净化后排出，最后溶液又返回到吸收塔里循环使用。

塔的高度是有限的，科研人员在塔内放入一些填料来增加吸收面积。高效的填料可以在很大程度上帮助溶液对气体的吸收。在监测中，科研人员发现填料的量及其温度的不同都可以影响净化的效率。40天过去了，课题组终于在常压下成功地完成了沼气的净化。经过净化以后的沼气，二氧化碳的含量从30%降至3%以下，满足作为汽车燃料组分的要求。甲烷纯度由50%提高到96%，这就意味着垃圾沼气经过净化后已具有很好的燃烧性能，达到汽车燃料的标准。

垃圾场变成清洁燃料厂：化腐朽为神奇

由课题组设计完成的羊耳峪垃圾卫生填埋场很难和垃圾处理场联系在一起。最引人注目的就是净化沼气的高塔和储气的大罐。和普通垃圾填埋场不同的是，这里的垃圾不能随意倾倒，而是一层层码成阶梯状。这样的设计有利于收集随意飘散的沼气，更重要的是可以实现填埋气的分段回收，从而提高了效率。导出的气体经过净化后存储在储气罐中，再进入加气站。填埋气成功地被回收、利用，使原本分散的垃圾集中处理。鞍山市一天的垃圾量大约为800吨，全都集中在这里，鞍山市羊耳峪垃圾场不久将履行它回收利用沼气的光荣使命，届时每天可采集1万立方米的沼气，这些沼气经过净化后制成清洁燃料，相当于6000升汽油，可供一辆小车行驶60000千米。

垃圾填埋气的有效净化，预示着大量白白排散掉的垃圾沼气终于能被收集起来加以利用。对垃圾填埋气的收集，消除了垃圾集中堆放的隐患，而集中处理又解决了分散填埋造成的环境问题。经过3年，课题组终于圆满完成了“中国城市垃圾填埋气体收集利用”项目。

到目前为止，另外两个试点城市南京、马鞍山也圆满地完成了示范项目，并已投入使用。“促进中国城市垃圾填埋气体收集利用”项目虽然接近尾声，但环保却是永恒的话题，只要人类与自然界的对话还在继续，和谐与美好就将生生不息。

新技术的钥匙——仿生学

我们借助仿生技术已经能够遥测60亿光年远的天体，下探万米深的洋底，细窥原子的秘密。

而且最新的发现又让我们对仿生学大为惊叹！

这是一个实验，我们看到的是气味流动的图像，每当龙虾摆动一下触角，就表明它嗅了一次

传说古人看见风吹蓬草而发明了车轮；被带齿的叶子划伤了皮肤而发明了锯；达·芬奇模仿飞鸟而设计了扑翼机，自然界中的生灵给我们带来了想像力。一种研究模拟生物的方法在1960年产生了，这就是仿生学。40多年来，我们借助仿生技术已经能够遥测60亿光年远的天体，下探万米深的洋底，细窥原子的秘密……而且最新的发现又让我们对仿生学大为惊叹！

人虽是万物之灵，但地球上很多生物所具有的适应大自然的丰富经验和技能，却是人类不可比拟的。模仿它们的优点，开启我们的智慧，博大深邃的大自然永远是我们的良师益友。

龙虾的启示

像龙虾这样的甲壳类动物在水中是用触角代替鼻子的功能去寻找食物和嗅出身边危险的。龙虾的触角随时分析身边水的成分和所含物质的浓度，从而判断周围的环境，目前研究人员正在进一步研究龙虾触角是如何分析水的成分的，利用龙虾嗅觉的仿生学原理，可以研究新型的水下化学成分传感器，从而更好地探测河流、海洋受化学污染的情况。

从小昆虫到仿生机器人

苍蝇灵活自如的飞行技巧，全得益于它的翅膀结构。科学家用不锈钢薄片复制苍

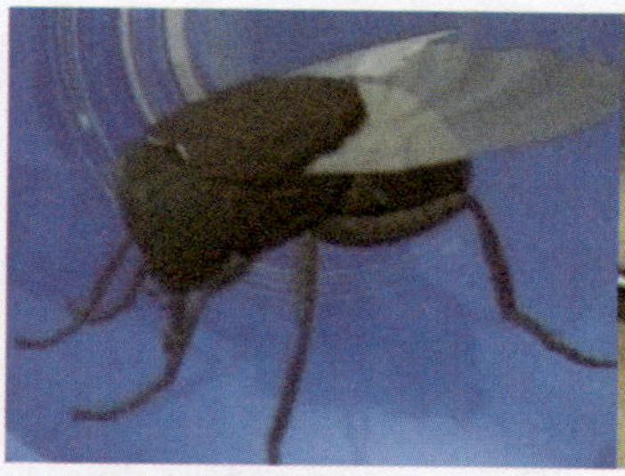

苍蝇灵活自如的飞行技巧，全得益于它的翅膀结构

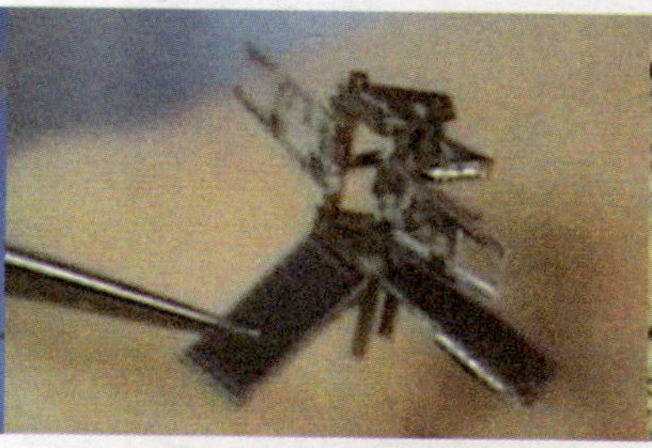

科学家用不锈钢薄片复制苍蝇的翅膀模拟它的运动模式，制造出微型飞行器

模仿蟑螂制造的机器人

蝇的翅膀模拟它的运动模式，制造出微型飞行器，它在灾难救援、电子侦察等勘探领域大显身手。不只是苍蝇，就连蟑螂也能给科学家提供设计的灵感，科学家们发现，蟑螂在高速运动时，每次只有三条腿着地，一边两条，一边一条，循环反复，根据这个原理，仿生学家制造出机械蟑螂，它不仅每秒能够前进三米，而且平衡性非常好，能够适应各种恶劣环境，不远的将来，太空探索或排除地雷，就是它的用武之地。

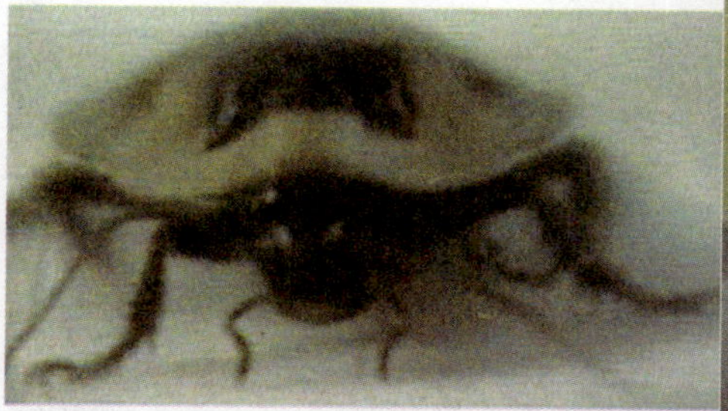

蟑螂在高速运动时，每次只有三条腿着地，一边两条，一边一条，循环反复

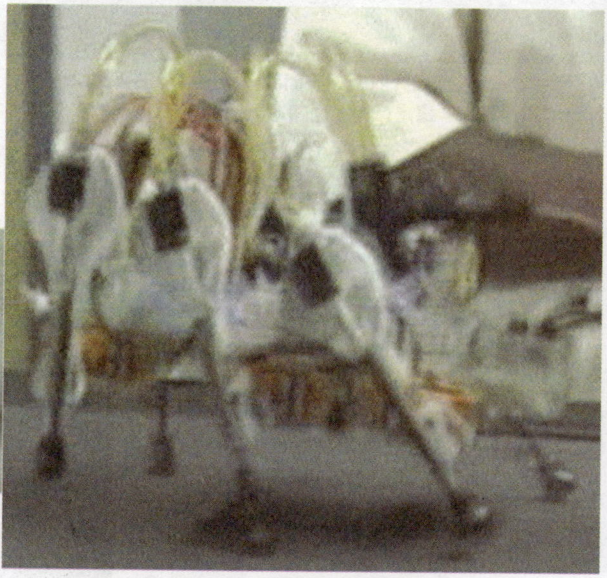

仿生学家制造出机械蟑螂

仿生视网膜，给盲人带来光明

仿生学，不只是局限于对动植物的研究，人类本身的生理特征也可以成为研究的对象。最近，科学家通过研究人的视网膜而制造出一种仿生视网膜，这种人造视网膜的直径只有2毫米，但上面却覆盖有四千多个微型感光器。医生把人造视网膜植入患者眼球的背面，直接和眼球上的

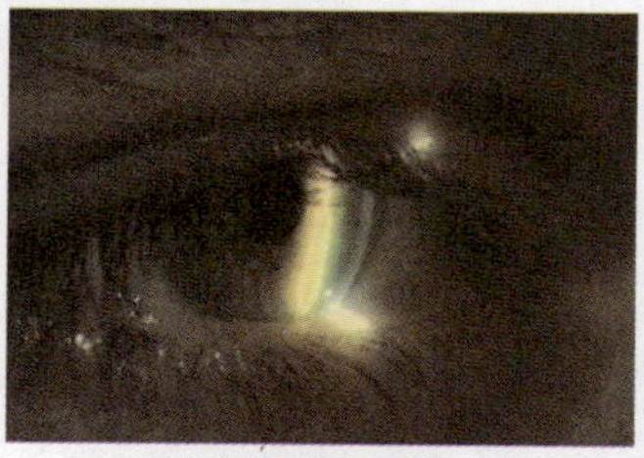

人造视网膜受到光线的刺激，会将光能转化为微弱的电脉冲，刺激视网膜上的视神经

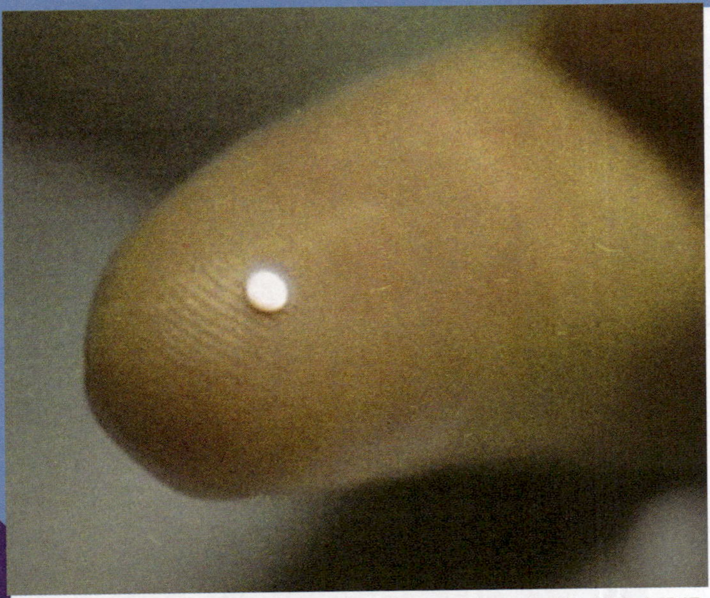

科学家通过研究人的视网膜而制造出一种仿生视网膜，这种人造视网膜的直径只有2毫米，但上面却覆盖有四千多个微型感光器

视神经相连。人造视网膜受到光线的刺激，会将光能转化为微弱的电脉冲，刺激视网膜上的视神经，这也许能帮助盲人实现见到光明的愿望。

仿生神经原，刺激肌肉恢复活力

科学家的想像力一下子从仿生视网膜中得到拓展，仿生神经元接踵而至，这让偏瘫或肌肉无力患者有了恢复行动自由的可能。这个仿生神经元其实就是一个微型电子装置。把它植入患者的肌肉后，它能与人的神经系统一道工作，代替因中风而受损的神经元，执行感知和运动功能，并发出电流刺激患者已经萎缩的肌肉。研究人员希望，将来仿生神经元还可以帮助瘫痪的患者重新站起来。仿生技术在医疗领域已崭露头角，相信不久的将来它会更好地造福于人类。

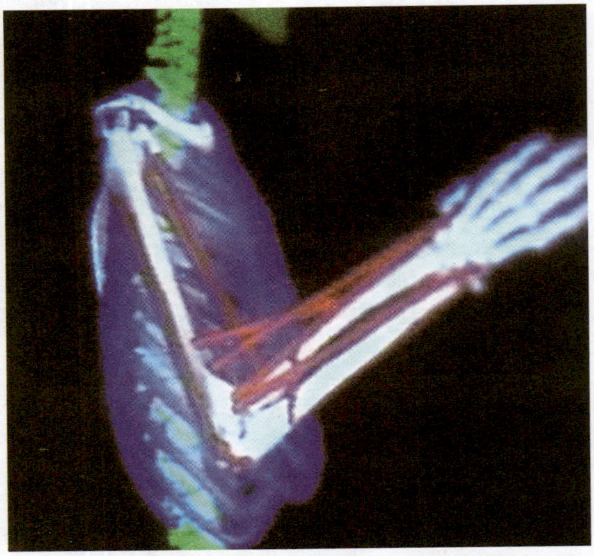

仿生神经元是一个微型电子装置，植入患者的肌肉后，能与人的神经系统一道工作，代替因中风而受损的神经元

微生物探金矿

许多矿产是由古生物沉积而成的。大量的生物，特别是菌藻类的低等生物可以吸附金离子，经过长期富集形成金矿。

前不久科研人员利用微生物探矿法测得湖北省嘉鱼县蛇屋山地区黄金储量高达25吨，这是一个令人振奋的消息！

蜡样芽孢杆菌和金矿

黄金是一种性能稳定的金属，在自然界中主要以自然状态散布在岩石或砂矿中。由于它在地层中的含量很低，因此成为一种价格昂贵的金属。

科学家研究发现，大量的生物，特别是菌藻类的低等生物可以吸附一些金离子，经过长期富集形成金矿。岩石在堆积过程中，内部产生很多裂隙，隐藏在岩石中的金离子在地层表面植物根系的呼吸和地表的蒸发作用下，缓慢地从岩层向地表的土壤中迁移。金元素在矿物形成过程中，有一种扩散作用，在地表则显示一种晕的反应，地质人员称这种现象叫“异常”。正是这种异常现象，使科研人员在湖北省嘉鱼县的蛇屋山地层表面发现了金矿的痕迹。

中国地质大学的科研人员曾在广西凤山地区发现在金矿分布的土壤中，有一种叫做蜡样芽孢杆菌的微生物。这种杆菌与金矿有着怎样的关系？最近他们带着这样的问题来到了蛇屋山，他们要用微生物探金矿的方法来探明蛇屋山地区地下金矿的储量。

寻找蜡样芽孢杆菌

蜡样芽孢杆菌是日常生活中常见的一种细菌。对于此类微生物，土壤才是它们真正的大本营，因为土壤里有它们需要的各种营养物质、水分和适宜的温度，是它们繁育后代最好的场所。但是土壤里微生物的种类太多，数量太大，芸芸众生中，如何找到它们的踪影呢？

蛇屋山的面积为1.24平方千米。由于南方温湿的气候环境，这里土壤内的微生物复杂多样。科研人员先把土样风干和碾磨，再对土样进行稀释，其目的是让土样中的芽孢有自己的生活空间，使芽孢繁殖的细菌能聚集在一起，形成一个独立的家庭——单菌落。因为细菌和其他各种生物一样，有自己特定的生活环境。有了这样的生活环境，细菌才能进行各种生命活动，并维持自身的新陈代谢。

根据蜡样芽孢杆菌的特性，无机盐、氮、磷、钾等元素都是它们所需要的营养物质。经过多次实验后，科研人员了解到蜡样芽孢杆菌不仅对营养成分有特殊的要求，

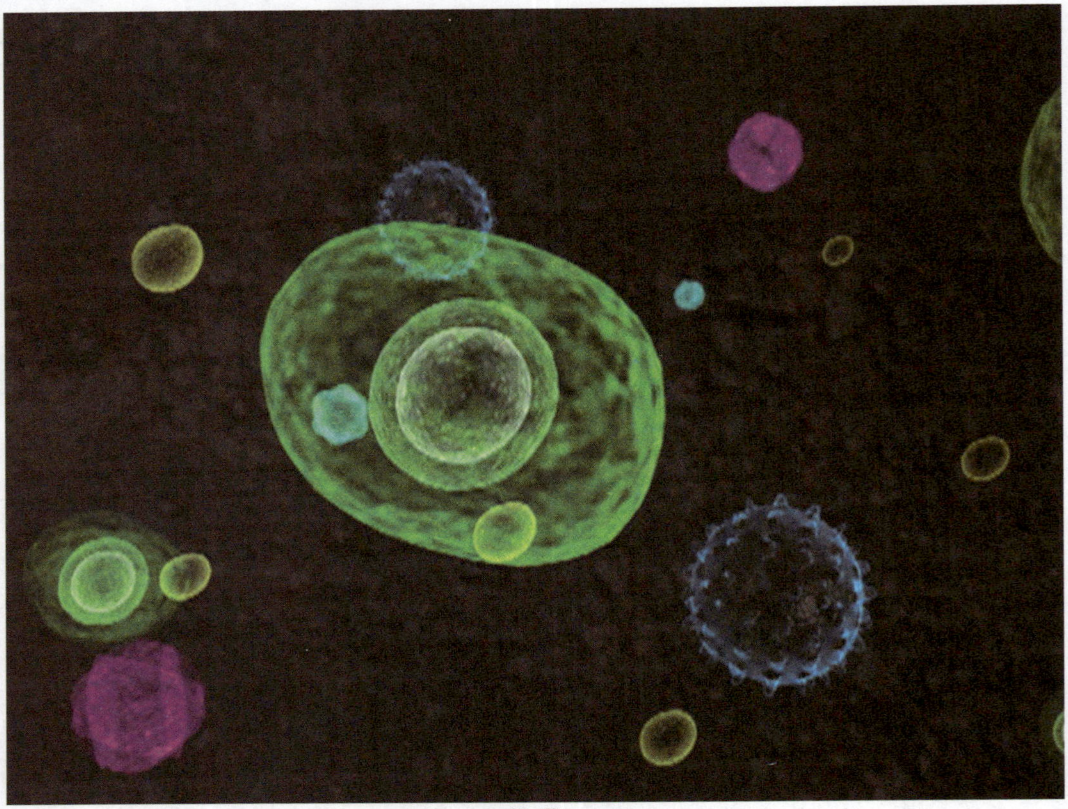

芽孢

而且对温度的要求也很挑剔，31摄氏度才是最适宜它们生存的温度。将土样里的芽孢放入恒温培养箱中，芽孢的培养开始了。

经过多次试验，科研人员终于看到培养皿中的斑斑点点，这些就是他们需要的细菌。将这些样品放到显微镜下，科研人员清楚地看到了无数个游动的小生命——蜡样芽孢杆菌。

发现金矿

科研人员对培养皿中细菌菌落进行统计和聚位分析后发现，蛇屋山地区土壤中蜡样芽孢杆菌的分布很有规律，而且与金储量有着密切的关系，即在蜡样芽孢杆菌数量较多的地方，金的储量相对偏高，在蜡样芽孢杆菌数量较少的地方，金的储量相对偏低。但也发现了奇怪的现象：在有些蜡样芽孢杆菌数量较少的地方竟然出现金储量极高的情况，这是为什么？科研人员解释说，尽管细菌抗重金属的能力较强，但是其耐受力毕竟有限。当土壤中金含量特别高时，蜡样芽孢杆菌会中毒死亡，致使其数量大幅度降低。

仅仅一个月的时间，中国地质大学的科研人员通过微生物探金法查明在蛇屋山地区，黄金储量高达25吨左右，这是一个多么令人振奋的消息！目前，蛇屋山地区的探矿工作已基本完成，黄金开采工作正进入新的阶段。

蛇屋山地区黄金开采工作正进入新的阶段

亿万年来，大千世界历尽沧桑，成千上万种生物在生命进化的长河中匆匆而过。就连中生代曾经称霸世界的恐龙也不得不退出历史的舞台。然而，生物体中的小家伙——微生物，却能香火不断，生存至今。它们除了具有顽强的生命力外，还具有惊人的繁殖能力。比如细菌每15～20分钟就可以繁殖出一代。当生活环境发生恶劣变化时，有一些细菌还具有特殊的本领，它们可以形成芽孢而生存下来。芽孢是某些细菌对付不利环境的重要手段。芽孢是一种休眠体，它不仅保存了细菌原有的遗传物质，而且在遗传物质外面还裹有层层“外衣”，对于干旱、高温、饥饿、化学物质、辐射等具有极强的抵抗力。

中国数字化虚拟人

自人类文明的曙光升起之后，医学就始终站在探索人体奥秘的前沿，公元前500年我国早期的医学著作《黄帝内经》中就有关于人体结构的记载。16世纪欧洲文艺复兴时期创立了现代解剖学，使人类对自身结构的认识发生了历史性的飞跃。

计算机技术为人类对自身认识的进一步深化，提供了又一次历史机遇

人体解剖学是医学、生理学、生物学、仿生学等多个学科的基础，是研究人体形态结构的基础科学。人体是由一千多万亿个细胞组成的复杂整体，仅人体的神经系统就约有一千亿个神经元。目前，人类对自己的认识了解非常有限，特别是人类对病因研究、疾病诊断、疾病治疗以及人体与环境复杂交互关系的研究，缺少精确量化的计算模型，缺乏某个器官或结构在人体三维空间中的准确定位和测量数据。

数字化可视人体研究是20世纪后期兴起的一项信息技术与医学等学科相互交叉、综合发展起来的前沿性交叉研究领域，是将成千上万个人体断面数据信息在计算机里整合重建成人体的三维立体结构图像，构成人体形态学信息研究的实验平台，为医学、生命科学以及后基因组学等的研究和应用提供基础与技术支撑。

1991年，美国科学家首先研究并完成了世界上第一套人体结构的数据集，韩国科学家也在2000年启动了数字化可视人体的研究计划。美国第一套人体结构数据集公布以后，这项研究引起了多国政府和科学家的重视。伴随着数字化可视人体数据集的诞生，很多国家的研究单位，都利用美国的数据化可视人体进行一系列的研究工作，开发新的计算机人体模拟系统和实用产品。

中国是一个具有13亿人口的大国，作为国家信息基础设施的一部分，人体数据是一项重要的基础数据资源。而目前，我国拥有自主版权的人体数据几乎为零，仅图谱一项我国每年就要花巨资从国外买进。而且其他国家的数字化可视人体不见得适合中国人的各项生理指标，因此，研究一个具有自主知识产权的中国数字化可视人体的工作迫在眉睫。

数据的采集实际上是可视化人体研究的最关键技术之一

数字化可视人体是将经过特殊处理之后，冷冻的人体标本，从头到脚逐层铣切成

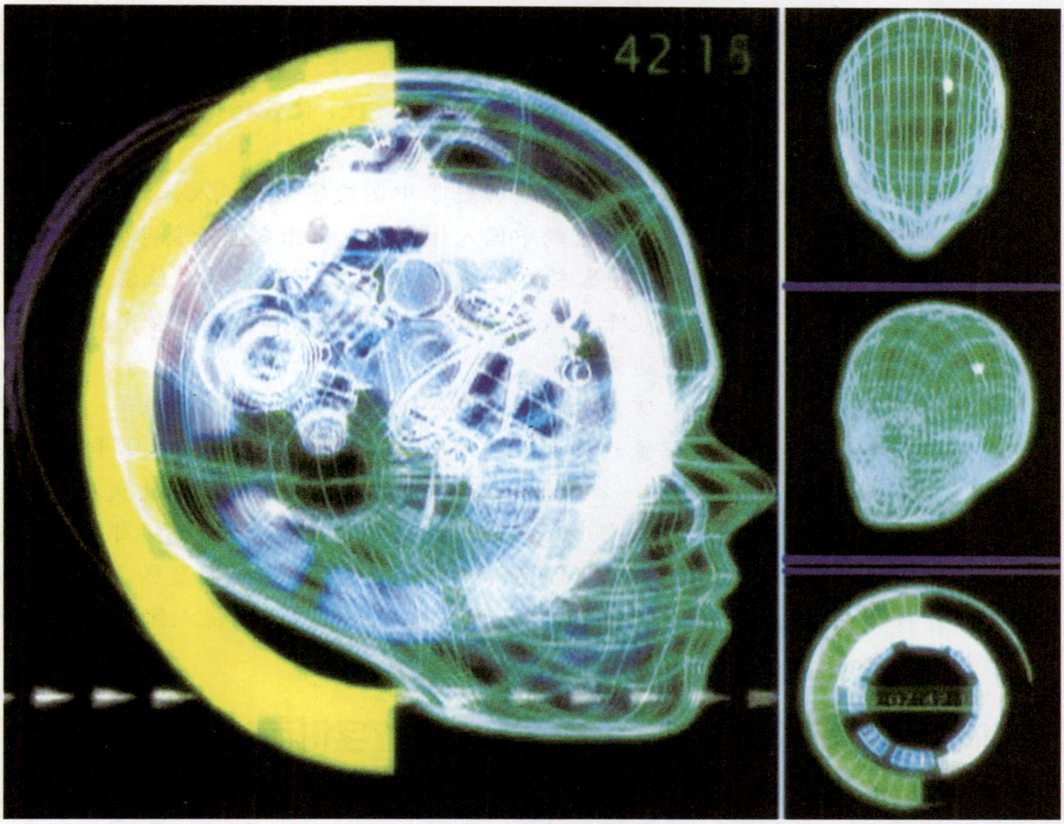

薄片，每切一片，就用数码相机进行拍摄，之后将所得人体模型数据输入电脑分析，得到完整的人体结构数据集，因此，在研究过程中，人体标本断面切片的片层精度是获取数据的关键。也就是说，人体标本逐层铣切的精度越高，所获得的人体数据就越细致。在标本的铣切前，首先要将标本冷冻——然而，人体标本只有在超低温的条件里，才能保证标本切片的可操作性，低温磨削、铣切或者其他形式的加工技术才能保证片层的精度。美国科学家所研究的数字化可视人体是采用在常温下铣切冰冻人体标本的方法，但这种方法有一个缺陷，实验中的冰冻标本是处于常温实验室中，温度不恒定，人体标本就会出现表面软化的现象，影响人体数据的精确性。

由于必须在超低温的条件下，才能采集到准确的人体数据。超低温实验室的温度在零下25摄氏度，在里面安置了特别制作的数控铣床，铣切的精度可达到0.001毫米。在这个低温实验室内，切片的图像处理也存在一个准确性与精度的问题，这对下一步三维数字化解剖结构信息的提取十分重要。

由于当时的条件所限，美国采用的数码相机的分辨率较低，影响了所获取的图像和数据的精确度。现在高档数码相机大大提高了图像处理的精度。但是相机最多只能在零下10摄氏度工作，而低温实验室的恒温是零下25摄氏度。科研人员设计出了与实验室同期降温和同期升温的办法，再经过特殊技术处理，使数码相机在低温实验室里能正常工作了。

经过反复的研究论证，2000年科研人员开始了中国数字化可视人体的打造工作。构造数字化可视人体的数据来源于健康的中国人体标本。将标本进行全身的CT扫描、核磁共振和超声波检查，得到一个最基本的数据。然后在零下25摄氏度低温实验室中用数控铣床从头到脚逐层铣切成几千个断面的薄片，所得图像和数据为整个标本的连续断面，其中颅底部的断面厚度达到0.1毫米。

在目前的医学临床诊断中，常用的断层影像诊断B超、CT、核磁共振等，均需要正常人体断面解剖学图像和数据资料作为诊断的形态学基础。目前新一代CT和核磁共振已能将人体断层的厚度减小到1～2毫米，从而使得微小病灶的检出率大大提高，这对于身体的疾病尤其是肿瘤的早期发现和早期治疗具有重要意义。但是，目前，在临床上普遍采用的与之相对应的正常参考断面标本，最薄也有5毫米。显然，已有的断面解剖学资料无法满足当前临床影像的需要，因而这一套数字化可视人体的数据资料是目前临床影像诊断和放射治疗所急需的。

将人体模型数据输入电脑，“重建”一个数字化可视人体

数字化可视人体的各个部位都可以“点击”下来，单独成像。可以细致到人类的血管、神经系统，在电脑的控制下，身体的各个部分可以在360度范围内随意旋转。通过这样的图像，医生可以很方便地找到病因和病变部位。

现代外科学的发展是局部化、小型化和显微化。对于人体中的某些重要部位，其解剖结构极为复杂，以前由于方法学上的限制，无法在原位对颅底的细致结构进行观测，其血管走向、粗细、神经分布以及它们之间的关系都一直是个谜，被视为手术禁区。而建立数字化可视人体，可以为医生实施手术进行定向或导航。使医生在做手术之前，就能预知几种方案可能出现的情况，并进行手术虚拟，最终确定最佳方案。

基础科学研究的工作是辛苦的，它所需要的研究数据是要经过长时间的积累，特别是在这样超低温的工作环境下，所获得的人体切片数据精度越高，数据就越大，一套完整的人体数据往往需要海量计算，而一例人体数据的采集，往往需要一年乃至更长的时间。

经过近三年的不懈努力，课题组的工作人员在艰苦的特殊实验条件下，连续24小时不停机地工作，终于完成了首套中国男性和女性人体标本的数据采集工作，人体标

本全身共计近几千个断面，这套“数字化可视人体”的问世，为我国乃至整个东方人提供了一部迄今为止最为系统、完整和细致的人体结构基本数据和图像资料，标志着我国正式成为第三个拥有数字化可视人体的国家。

然而这套数据集的采集工作只是研究工作的开始，“数字化可视人体研究”分为三个阶段：第一个阶段是“可视人”，把人体变成切片，然后在计算机中变成三维的图像，但没有生理变化；第二个阶段是“物理人”，“物理人”可以模拟对人体的意外创伤的实验研究，以及防护措施的改进，是有功能的；第三个阶段是“生物人”，“生物人”可以用于研究人体疾病的发生机理，预测疾病发展规律，以及进行各种新药的筛选，可模拟高温、高湿、高寒、高压等条件下人体的各种反应，模拟人体进行各种实验。

中国数字化可视人体的研究是一个庞大的科学项目，它需要集现代科学的各个学科来构建，中国数字化可视人体的出现，将全面提升中国人的健康水平，也标志着我国科学技术水平迈向了一个更高的台阶。

数字化可视人体数据集的完成，不仅在生命科学的研究中具有重要的理论意义，它还在军事、航天、体育、汽车机械制造等多个领域中具有重大的实用价值。

太空中的人体趣谈

人体是一台复杂而精密的有生命的机器。

她的生命系统都是为了适应地球环境才一代代发展而来的。

可是一旦进入了太空，这些系统又将受到哪些影响呢？

人体很像一架航天飞机。她是一台复杂而精密的有生命的机器，要依靠几个子系统来执行它的功能。航天飞机有一个推进系统，一个生命支持系统，一个制导系统，等等。我们的身体也有几个系统，比如心血管系统、呼吸系统、泌尿系统、消化系统、免疫系统、肌肉骨骼系统和神经系统等。

当我们进入太空，让我们的心脏脱离它们的正常环境时，就会发生一些奇怪的事情

我们的心血管系统在有地心引力的环境下工作很正常，无论我们是躺着还是站着，我们总有充足的血液供应大脑等重要器官。但是，当我们进入太空，让我们的心脏脱离它们的正常环境时，就会发生一些奇怪的事情。我们身体里的液体向上漂移，致使我们的心脏及其传感器以为血液供应量增加了，于是，我们的心脏试图去平衡血液供应。首先，心脏的肌肉结构伸展，以便容纳更多的血液。发生这种情况时，身体里的其他系统就让我们的肾脏去排除看似多余的液体。液体水平降低后，我们的骨髓就停止生产红细胞，以防止我们的血液变得太浓。很快，我们体内的血液量和红细胞就比我们在地球上时少了。由于要抽／吸的血液少了，我们的心脏开始收缩，大小恢复到与在地球上相当的水平。但是，当我们从太空回到地球后，地心引力又会将我们体内的大部分血液吸引到我们的腿部，由于此时没有足够的血液可供循环，有些人会出现

空间站

短时的头晕眼花，直至我们的身体得到更多液体和制造出更多的血液。尽管如此，没有迹象表明太空飞行会使我们的心血管系统出现任何永久性问题。

我们吸气的时候，富含氧的空气进入我们的肺部。现在，我们的两个肺叶都充满了新鲜的富含氧气的空气，同时，肺部的小血管网络中充满了缺氧的血液。然后，奇妙的事发生了。肺叶里的氧气和血液里的二氧化碳将通过肺表面的薄膜进行交换。这种现象称为气体交换。这样，肺部的空气中的大量氧气就转移到了人体血液中。

地球上的地心引力总要把血液吸引向我们的双脚，所以，肺里的血液大部分在肺下部。

但是，在太空中，由于体内的液体向上漂移，血液在肺里的分布会更均匀。也就是说，肺在太空中应当比在地球上的工作效率高得多。

在太空中，一切都失去了重量，锻炼还有意义么

我们的身体是为在存在地球引力的地球上活动而设计的，而不是为在独特的太空条件下运行而设计的。事实上，我们身体的肌肉骨骼系统需要地心引力才能正常运行。

在太空中，一切都失去了重量，所以我们的肌肉不用像它们在地球上那样用力运动。肌肉不按正常力度活动的时候，它们就会变弱。我们大部分人都认识某个因胳膊或腿骨折而不得不打石膏以帮助骨骼恢复的人。打石膏期间，那条折断的胳膊或腿不能活动，于是，一旦卸下石膏，那条胳膊或腿就变弱变细了。因长时间卧床而无法活动肌肉的人，也会出现同样的情形。

在太空中，我们在脚踏车和运动车上锻炼我们的肌肉，但效果还是与在地球上锻

炼的情形不同。

想想看，我们原来每天都要举45千克重的杠铃。然后，突然有一天，我们去太空旅行一个月，我们随身只带了一副18千克的杠铃。尽管我们每天都举18千克重的杠

铃，可当我们结束太空旅行返回地球时，就很难举起45千克的杠铃了。

太空飞行的情形就是这样。尽管我们在太空中也锻炼身体，但我们返回地球时仍然会感到虚弱。根据我们待在太空的时间长短，可能需要经过几周或几个月才能恢复我们的肌肉失去的力量。

对于那些将来要去太空站或月球基地生活的宇航员来说，情况可能更糟，更不用说可能持续一年或更多时间的火星之行了。

太空飞行期间，肌肉不是我们身体中惟一退化的部位。失重状态还导致我们的骨髓流失矿物质、钙和磷。我们很多人都不认为我们的骨骼有生命，可它们确实非常活跃，会根据日常生活中感受到的压力来调节自身的结构和成分。

由于太空中不用承受重量，因而我们的骨骼在再造过程中也没有压力。这就会影响我们骨骼的结构完整性，它们可能不会生长得那么强壮。

证明这一理论的惟一途径就是测试我们的某些骨骼的力量，而测试骨骼力量的惟一办法就是取出骨骼。迄今，我们还没有征集到志愿者。所以，美国航空航天局(NASA)正在探索不用取出骨骼的骨骼力量测试方式。找到测量骨骼力量的方式会帮助我们治疗老年患者中普遍存在的一种骨病——骨质疏松症。

各身体系统之间功能不同，它们的相互依赖性也非常大。它们每天都以我们大家从未意识到的方式执行自己的任务。但愿对太空中人体的研究有一天可以帮助解开像心脏病、肺气肿、骨质疏松症等地球人固有疾病的谜团。

未来太空开发

星期五晚上，
未来的航天飞机准备就绪，一组人员开始登机，
准备在太空中度过周末。
更或许，
在火星上做一名园丁
——这些，不会永远是梦想。

月球和太空港是我们通向行星的跳板

未来的航天飞机，像飞机一样起飞和爬升，在达到足够的高度和适合的速度时，飞行员启动火箭发动机。未来的航天飞机在太空中飞行，从机场到轨道上是个连续的过程。星期五晚上，未来的航天飞机准备就绪。在起飞前半个小时，一组人员开始登

未来人们可能会生活在火星的泡状房间里

机，准备在太空中度过周末。处在头上的天空和脚下的地球之间的这个舱轮，不但是个旅游地，也是一个太空港，是去月球旅行的中转站。当人类开始向月球移民后，从地球轨道上转运货物和人员，要比直接从地球上转运更有效也更经济。月球上的重力仅有地球的1/6，月球基地是一个大都市，科学家、矿工和园丁在这里生活和工作。而在更远的火星上，有更多的移民，他们住在很封闭的和自我维持的基地里，为星上的基地是由月球基地来建造和服务的。

月球和一些太空港，是我们通向其他行星的跳板。异想天开吗？但这是现实。国际空间站就是在环地轨道上组装的，它的核心舱是由俄罗斯提供的，而其他部件由美国、加拿大、欧共体和日本提供。

生活在国际空间站是惬意的

国际空间站由13个国家共享，因此拥有多国的宇航员。而机器人则像一个检测球，它在监视宇航员的太空行走，同时也检查飞船的结构状态。机械手在重新摆放舱位，每一个都在管理着足球场大小的构件。开始时，用老的航天飞机将宇航员送上去。他们的救生艇是“联盟号”飞船，原来是俄罗斯“和平号”空间站的渡船。空间站里有很多房间，每个宇航员可以有6间，宇航员的每次旅行仅有90天，生活在国际空间站是惬意的，要比“和平号”豪华得多。国际空间站耗资1000亿美元，它行使“和平号”未完成的使命，主要的目标是检验人类在太空中长期生活的各种效应，对将来送人上火星是非常重要的。

生活在火星的泡状房间里

大概在21世纪晚期，就能从地球轨道上的空间站发射火箭去火星。有了国际空间站这样的太空港，就可以向红色的行星移民了。火箭脱离了，我们接近这个更冷的和只有稀薄大气的世界。在离开地球数百万千米的地方，有个人类的城市。人们生活在泡状结构里，密封的回廊、实验室、工厂、办公室和宿舍，而在外面没有宇航服就面临死亡。这个城市将是自我维持的，生物圈生产食物，能源是太阳能，任何东西都是再生的。能不能使人在火星上和在地球上生存一样，从而摆脱宇航服呢？也许可能吧，但至少需要10万年才能在火星上引入温室效应和可供呼吸的空气。

机器人在监视宇航员的太空行走

到更远的外行星去旅行

从未来的太空港到比火星更远的地方去旅行，像到冥王星这个太阳系最外围的行星，要花15年的时间。推进系统和燃料限制了我们，使我们无法走很远。太阳能可以提供帮助，但是到外行星的旅行过程中，太阳能会逐渐减弱，我们旅行得越远，太阳光越暗。但是还有太阳风呢，也许可以像帆船一样，用个很大的帆来收集太阳吹出的带电粒子，而使飞船前进。到太阳系以外就需要更新的推进器，即使以1/10的光速前进，也需要40年才能到达最近的其他星系的行星。离子或核子推进有可能提供这种能力，可是目前这样的旅行只是科学幻想。那么下一步究竟去哪儿？月亮和火星肯定是首选，但是金星怎么样呢？我们能否驱散金星上的云层，使其失控的温室效应恢复正常，从而移民呢？办法可能是在金星大气中种植绿藻，它能吸收二氧化碳，放出氧气。水在金星表面逐渐积累，蒸笼般的气候逐渐凉下来，生命才可能立足。这可不是短期的事情，只有过数十万年后，金星才能开始有些像地球。航天元老阿瑟·克拉克有个行星工程的想法，一个从地球表面登上去的，有3.6万千米高的通天塔，一个通向轨道的天梯。在赤道上有四个这样的塔，成为一个以地球为轴心的巨大轮子的四根辐条，从而方便人类向太空、向其他行星进军。

未来的国际空间站

追杀蠕虫王

如果你是一个电脑高手，
请不要利用你的智慧去破坏别人的正常生活。

2003年1月25日，

中午1点。

在财务公司上班的叶豪吃完午饭回到办公室。他打开计算机，准备继续上午的工作。按照计划，他要像往常一样把当天上午的一些工作汇总发到上海的总部。平时，把这些事情搞定一两分钟就可以了。但这一次，情况有些不同。他发现跟邮件的服务器根本就连不上了，几个经常上的网站，速度也特别慢。

与此同时，一些电信和银行系统的单位发现，网络受到严重阻塞，大量的网络服务器无法正常工作，网络带宽彻底被占满了。

1988年罗伯编制了第一例蠕虫病毒

来自媒体的报道说，一场影响规模空前的计算机病毒在欧美发作，并迅速在全球蔓延。

由于这次病毒攻击的对象是数据传输的主干网上的服务器，影响巨大，引起了公安部等相关单位的高度重视，国家计算机病毒应急处理中心很快从各个渠道收集到相关信息，并联合各个反病毒企业共同组成应急小组。

对于反病毒专家来说，最主要的任务就是尽可能减小病毒影响的范围，及时拿出一个解决方案，保证其他的一些系统未被感染之前就被保护起来。对于已经感染的系统，马上找出解决方案，及时地把病毒清除掉。从某种意义上说，这是一场和时间的赛跑。

从症状来看，这次发作的是一个典型的蠕虫病毒。这类病毒可以利用电脑的网络功能自动搜索网络地址，将自身向下一个地址的计算机传播。

1988年，还在大学里读研究生的罗伯·莫里斯编制了第一例蠕虫病毒，使得数千台联网的计算机停止运行，让人们初次领教了蠕虫病毒的厉害。

不过，对于反病毒专家来说，仅仅知道病毒类型还远远不够。就像控制、治疗生物病毒引起的传染病一样，电脑病毒的处理首先要提取到病毒样本。只有拿到样本并对它进行分析后，人们才能了解这段代码在计算机中究竟做了什么。

狡猾的蠕虫王

下午3：20。

联合应急小组来到一家服务器应用企业，提取病毒样本。他们立刻把自己的笔记本电脑接入到网络内部，然后通过专业软件去探测网络上传输的数据包。10秒钟的时间内，工具软件共探测到了几十万个数据包，其中99%的数据包的内容是一模一样的。很显然，病毒程序就包含在其中。

令人关注的是，这次病毒传播的速度十分迅猛，连整天和电脑病毒打交道的专家们都有些吃惊。前5分钟之内，它是以大约每秒钟增殖8.5倍的方式往外扩散，到十几分钟它达到顶峰的时候，每秒钟会发出5500万个数据包。

为什么这个病毒会传播得如此之快呢？经过在现场初步的分析，专家判断这个病毒不像以往的病毒程序那样在硬盘上形成文件后再伺机破坏，而是直接在内存空间里完成它的使命。我们知道，内存的速度和硬盘的速度不是一个数量级的，一般内存的速度都是硬盘速度的几十倍甚至几百倍。这个病毒通过在内存里面驻留，不以文件方式存在，然后直接往外面发起攻击，这样速度会提高数十倍。

有意思的是，按理说，在内存里驻留的东西只要一关机就消失了，杀灭这个病毒并不困难。然而这个病毒的制造者显然早就胸有成竹，它利用了内存的高速度，却选了一个让你头疼的攻击目标——24小时不能关机的网络服务器。现在，我们已经可以对这个被命名为“蠕虫王”的病毒做一个简单的描述，它是一段代码，它的大小只有几百个字节，它侵入一台服务器后只在处理速度很快的内存里活动。它会没完没了地复制自己，没完没了地向外发送，数量之多阻塞了网络中其他正常数据包的传送，你明明知道可将它一刀除掉的方法，却无法将手伸向关机的按钮。

与时间的赛跑

下午5：10。

病毒样本被完整提取，所有的秘密就在这小小的数据包中等待破解。

科研人员主动把病毒放到一台正常的机器上故意让它发作，从中寻找蛛丝马迹，渐渐地，蠕虫王露出了原形：这个数据包是攻击微软公司SQL SERVER 1434端口的一个包，一旦对方装了SQL SERVER这个服务器软件的话，它就会被这个病毒攻击。

我们常常把电脑病毒和生物病毒作比较。免疫系统是我们人体的一套防护机制，但是如果你免疫力下降了，生物病毒就乘虚而入。与此相似，计算机系统也好，网络系统也好，实际上也有这个问题。本来，按照软件工程理论它也有一套防护机制，指导人们开发软件的时候，应该怎么去做让它更安全，不要出问题，但是百密总有一疏。系统往往潜藏着一些漏洞，而这些漏洞恰恰就是被做病毒的人抓到了，他就是利用漏洞把自己的病毒代码侵入到你的系统里去。

SQL SERVER是微软公司出品的一个数据库管理软件，在大量的网络服务器上使用。这一次，它成为病毒制造者的猎物。软件编制上的一个漏洞，使它不情愿地变成了病毒程序侵入和发作的帮凶。

随着分析工作的深入，这只蠕虫的一举一动在应急小

组成员的脑中已经越来越清晰。

在其后的几个小时中，任何一种可能的手术方案，都被小组成员在各种硬件和软件环境中反复地测试。每个人都像上了发条一样，因为他们清楚地知道，他们最大的对手是时间……

次日凌晨5：00。

小范围测试获得成功，采用手术方式杀灭病毒的方案被确定。

上午10：00。

升级后的杀毒程序在网上公布，供用户下载。

下午2：00。

国家计算机病毒应急处理中心发布完整的解决方案，指导用户修补程序漏洞。

智慧的较量由此告一段落。

知识点：蠕虫再现

2003年8月11日，一种名为“冲击波”(WORM_MSBlast.A)的新型蠕虫病毒开始在国内互联网和部分专用信息网络上传播。该病毒传播速度快、波及范围广，对计算机正常使用和网络运行造成严重影响。受到感染的计算机中Word、Excel、Powerpoint等文件无法正常运行，弹出找不到链接文件的对话框，“粘贴”等一些功能无法正常使用，计算机出现反复重新启动等现象。经国家计算机病毒应急处理中心确认，该病毒是利用前不久微软公司公布的Windows操作系统RPC DCOM漏洞进行传播，能够使遭受攻击的系统崩溃，并通过网络向仍有此漏洞的计算机传播。

“冲击波”蠕虫在短时间内迅速感染了全球数十万台计算机系统。在这个蠕虫病毒中居然还有一段嘲讽微软公司的文字：“Billy Gates why do you make this possible? Stop making money and fix your software”（比尔·盖茨，你为什么会有这样的漏洞？不要只顾着挣钱，好好修正你的软件吧。）美国联邦调查局(FBI)已经开始对该蠕虫的来源展开调查。

国内计算机病毒专家也迅速行动，各安全厂商严阵以待准备围剿这一新蠕虫病毒，并倡议建立计算机病毒预警服务机制。

提纯“黄金气体”

**氙气是惰性气体的一种，
它在空气中的含量只有0.004%，
提取1克氙气就能卖1万元左右，
而1克黄金的价格也不过一百多元。
因此氙气被人们叫作“黄金气体”。**

空气像一件厚实的“外衣”，保护着地球上的所有生物，空气同阳光和水一样是地球上一切生命赖以生存的重要物质。我们生活在空气中，却看不见，也摸不着它。但它却无时无刻不在变化，无时无刻不在证明它的存在。空气中充满了各种化学元素，这些神秘的元素就在我们四周出没，面对无处不在的巨大宝库，人类有没有开启这个宝库的钥匙呢？

空气里的财富

也许你对空气的成分一点都不感兴趣，或者你会抱怨空气污染日益严重，但是我想提醒你注意的是：关于空气的学问比你想像的要复杂得多，地球上涉及空气的研究横跨众多学科。更有意思的是，还有专门靠生产空气赚钱的空气生产工厂。

空气是一种混合气体。它由多种化学元素组成，其中，78%是氮，21%是氧，二氧化碳、臭氧和惰性气体只占空气的1%。人们想获得其中的某种元素，只要把它分离出来就可以了。氮气、氧气在空气中含量高，分离就简单一些。惰性气体在空气中含量稀少，分离出它们就困难多了。但是空气取之不尽、用之不竭。只要源源不断地把空气抽到工厂的装置里，就能不断地生产出需要的气体。

英国化学家拉姆赛

氙气是惰性气体的一种，它在空气中的含量只有0.004%，提取1克氙气就能卖1万元左右，而1克黄金的价格也不过一百多元。因此氙气被人们叫作“黄金气体”。

1898年之前，人们并不知道空气中有惰性气体，英国化学家拉姆赛一直在空气中寻找传说中的太阳元素——氦，在寻找氦的过程中却意外地发现了氩和氖，后来，氙和氪也相继被发现了。这些元素同氧、氮等都属于空气的组成部分。

灯泡能够成为人类文明史上最著名的发明之一，与人类了解和利用了惰性气体的特性有直接的关系。惰性气体几乎不与任何物质发生化学反应。所以用氦气代替氢气填充气球就安全多了；氖气通电后产生美丽的红光，制造霓虹灯就很合适。

氙气是惟一在电场激发下，能放出强烈白光的惰性气体，它也是惰性气体中少有的能进行化合的元素。这为人类制造气体放电灯提供了绝好的条件。气体放电灯发光原理是利用正负电刺激氙气与稀有金属发生化学反应而发光。这种灯用在汽车上，使汽车的夜间照明发生了革命。

因为超强的亮度，氙灯有了“人造小太阳”的美称。“小太阳”里的居民就是氙气，但是收集氙气可不是件容易的事情。

谁是“淘金”者

生产氙气对技术要求很高，武钢氧气公司是我国为数不多的能生产氙气产品的单位。他们生产的氙气一直提供给国内外的客户使用，但是20世纪90年代一家日本公司突然退货，他们质疑氙气的纯度，认为这些氙气有杂质。

氙灯可用在汽车上，因为超强的亮度，氙灯有了“人造小太阳”的美称

就像黄金的纯度标识一样，气体也用百分比表示自己的纯度。也就是说气体中杂质含量越少，纯度就越高。武钢氧气公司出口日本的氙气纯度是99.99%。100%纯净的

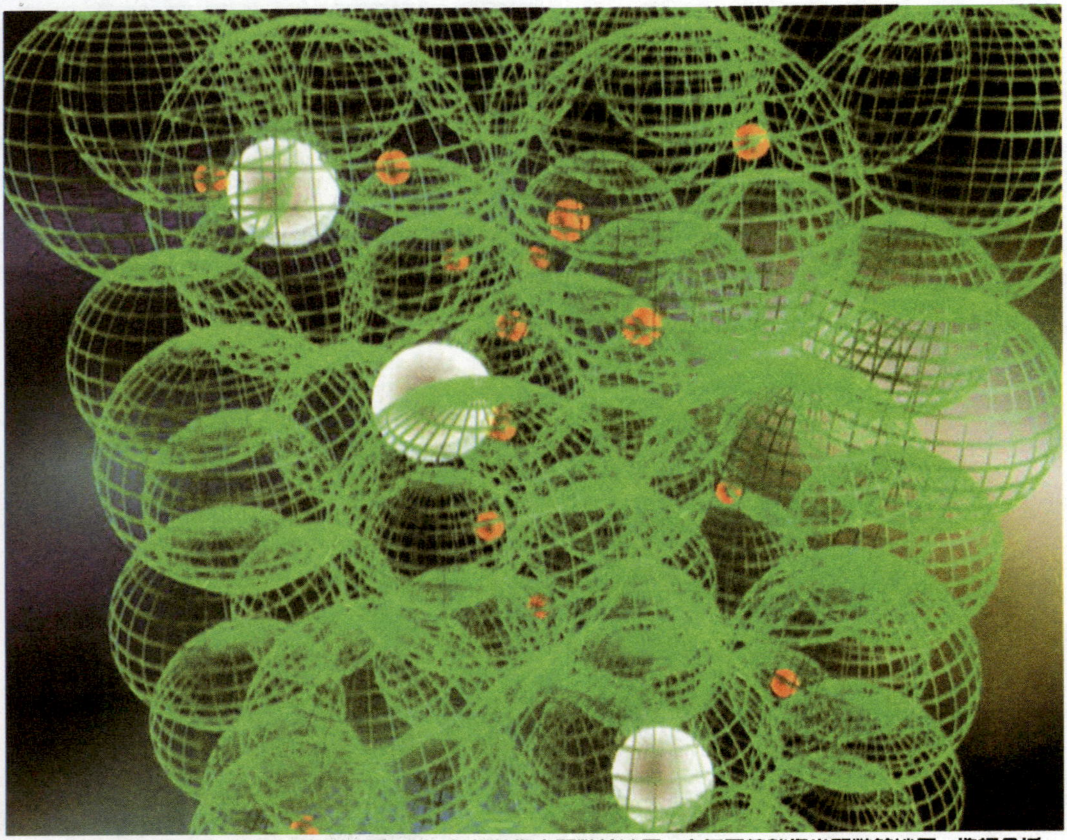

运用分子筛提纯氙气，和筛沙子一样，氙气就像大颗粒的沙子，六氟乙烷就像小颗粒的沙子，选择合适的筛子，就能把它们分开

氙气是不存在的，氙气中总会有一定数量的杂质。但是，每一种杂质都有一个含量的限制，只要这些杂质含量不大于规定的标准值，就可以认为氙气的纯度达标。如果氙气里出现新杂质，相应地，检测指标里也应该对这种新杂质进行规定，如果沿用老标准，就反映不出氙气的实际纯度。要想修正标准，必须先找到这种新杂质。

武钢氧气公司核对了所有的标准，结果证明这些氙气完全符合国内国外的各种标准，这是怎么回事呢？他们又把自己的气体送到国内最权威的气体分析监测单位，终于查出了氙气里的新杂质，这种新杂质叫六氟乙烷。

六氟乙烷其实就是人们常说的氟利昂。工业发展导致空气中化合物成分越来越多，造成不同程度的空气污染，六氟乙烷就是污染空气的一种杂质。气体生产厂的产品是从空气中提取的。空气中杂质含量越少，高纯度的气体越好提取。因此工厂周围的空气质量，会直接影响到工厂里生产出的气体质量。六氟乙烷是由两个碳原子和六个氟原子组成的化合物，在自然界很难分解，因为碳原子和氟原子一旦结合，它们之间的化学键就会非常稳固，要想用外力冲断这个化学键至少要在2 000摄氏度的高温下才有可能实现。但是气体提纯设备中，没有任何一台机器能够在如此高温下正常工作。

武钢氧气公司决心彻底解决这个困扰他们多年的问题，他们求助国际著名的气体生产设备供应商德国林德公司，这个公司具有丰富的气体提纯经验和世界上一流的研究人员。武钢氧气公司要求林德公司专门为他们设计一套去除氙气杂质的机器，并且要求这套机器能够把氙气中的杂质含量控制在1ppm，即1/100万。

但是林德公司的设计方案要有5%的损失量。成本太高了。武钢氧气公司需要找到一种低成本的办法从氙气里把氟立昂除掉。

氟利昂是化合物，只要是化合物就一定能够参加化学反应，只是氟利昂的特性要求的反应温度比较高。有没有一种氟利昂非常敏感的物质，在比较低的温度下或者某种催化状态下能和氟利昂产生化学反应，从而使这种顽固的化合物消失呢？化学反应中，首先不用考虑氙气的损失问题，“惰性气体”不和任何物质发生化学反应的性质保证了这一点。剩下的问题就是寻找这种让氟利昂解体的物质了。北京有色金属研究所的陈雨田教授一直在做一种合金的研究，在试验中发现锆基合金与气体中的杂质很容易发生反应。

这些合金的内部有很多空隙，这种结构保证了它们与气体能够更快速更完全地进行反应。这种特性使它们与氟利昂发生反应时不需要2000摄氏度的高温，这样大大提高了实验的可能性。

用化学方法分离或提纯物质时，最终应将杂质转变成沉淀、气体或转化为被提纯的成分。目前他们面临的问题是，这种转化进行得不彻底。既然是化学反应，为什么不添加一些微量元素加速锆基合金与六氟乙烷的反应速率呢？通过大量的筛选和计算，一种添加了催化剂的新合金终于研制成功了。

现在，武钢氧气公司生产的氙气已经达到超高纯度的99.9995%，他们对氙气中出现新杂质氟利昂的研究也引起了国家标准局的重视，今后氟利昂的含量要添加到氙气杂质含量的标准里。在国际竞争中，由于他们生产的氙气氟立昂含量非常少而赢得了新的市场。他们独创的这套气体提纯技术不但在气体行业得到运用，还为环保、医药行业中的提纯技术提供了新的思路。

固定二氧化碳

**回收二氧化碳制成完全生物降解塑料，
各国科学家都在追求这一实验室成果的工业化实验成功，
在这一领域，我国科学家成了领跑者。**

20世纪90年代初，美国曾经有两条生产线，最后均因为成本或产品的性能问题没有坚持下来，我们的催化体系和整体的聚合方法已经完全超过了国外的一些最好的指标，已经具备工业化生产的价值。

用二氧化碳气体做原料生产的固体可降解材料

近一百多年以来，由于工业化生产集中、大量地排放二氧化碳，全世界每年的二氧化碳排放量达到200多亿吨，大气中的二氧化碳浓度比工业化生产以前增加了1/3，直接导致全球环境恶化。为此，全世界的科学家都在为控制二氧化碳的排放而绞尽脑汁。

2003年4月，位于内蒙古西部的蒙西水泥厂，增加了一条塑料制品原料的生产线，将水泥生产过程中排放的二氧化碳回收，制成一种可以完全生物降解的塑料。这项卓有成效的尝试源于中科院长春应用化学研究所的一项研究成果。

二氧化碳有一定的惰性，一般的化合物很难与之发生反应。早在1969年，日本的化学家井冈祥平就首先发现：二氧化碳在催化剂的帮助下，可以同一种名为环氧丙烷的化合物反应生成一种可以完全生物降解塑料，这样，既有效地利用了二氧化碳，产物又不会造成白色污染，这么有意义的研究早已成功，为何国外一直没有实际应用呢？原来，当时采用的催化剂是二乙基锌加水，不但反应时间需要几十个小时，而且消耗1克的催化剂才能得到3克的可降解材料，生产成本要比目前使用的普通塑料制品高出几十倍。20世纪80年代，又出现了戊二酸锌作为催化剂的尝试，这次催化剂消耗率降低了，但是聚合时间是40小时，而实现工业化要控制在6～8小时。

2000年初，我国科研人员终于在上百种材料中，选择了催化活性很高的稀土材料。通过优化使催化剂的活性大大提高，若加入1克该催化剂参与二氧化碳与环氧丙烷的反应，可得到45克左右的可降解材料，而且，聚合物的分子量达到15万～18万，反应的时间也降低到了6小时左右，这是目前世界上固定二氧化碳时间最短的，基本达到了工业化的要求，研究取得了突破性的进展。

2001年，科研人员在蒙西水泥厂开始了工业化实验，课题组还在反应釜内加设监测装置，解决了刚刚生成的材料被热降解的问题，终于在工业化实验中得到了很好的固体可降解材料。经过检测，这条生产线生产出的可降解材料，无论在强度、韧性还是安全性等方面都达到甚至超过了普通塑料的水平。目前，这条生产线的年产量虽然只有3000吨，但是完全具备了进行更大规模生产的经验和条件，为今后在我国进一步推广这项技术奠定了基础。

其实，二氧化碳和石油、煤炭一样都属于碳资源，只不过人类一直都没有找到可以大规模利用的方法。2003年6月25日，“碳收集领导人论坛宪章”在华盛顿签署，这个宪章的主要目的就是希望世界各国共同研究和利用碳收集技术，以减少二氧化碳在大气层中的聚集，缓解全球温室效应，同时最大程度地利用这些碳资源。我们有理由相信，随着开发利用二氧化碳相关研究的不断深入，二氧化碳也将会和石油、煤炭一样最终成为我们宝贵的资源。

大开眼界——光纤光谱望远镜

它把星光汇聚到光纤上，
它是世界上观测能力最强的光学望远镜，
用它可以看到更远更暗的天体

当人类文明在地球上出现以后，古人就开始研究星相。当时，他们只是凭借着一双肉眼观看星星，并记录下各种天文现象。人们并不能够真正地了解天空中的星星到底是些什么。

到了1609年，意大利科学家伽利略发明了世界上第一台光学望远镜以后，这种局面才被彻底地改变。从那以后，人们又相继制造出了射电望远镜、红外线望远镜，以及各种各样的光学望远镜。天文学家利用这些望远镜观测天上的星星，使人们对宇宙的认识不断地加深。

在南京，中国科学家们正在研制另外一种形式的望远镜，这台望远镜是利用光纤来传送星星的光谱信息。通过研究光谱，人们可以知道星星上面的温度以及它们是由什么物质组成的。

光纤是一种很细的玻璃纤维，光从里面通过的时候，光的损耗非常小。天文学家们看中的也正是它的这个特性。他们把光纤安装在光学望远镜上，由光纤把望远镜采集下来的星光传送到光谱仪中供天文学家们研究。那么，为什么要研究光纤望远

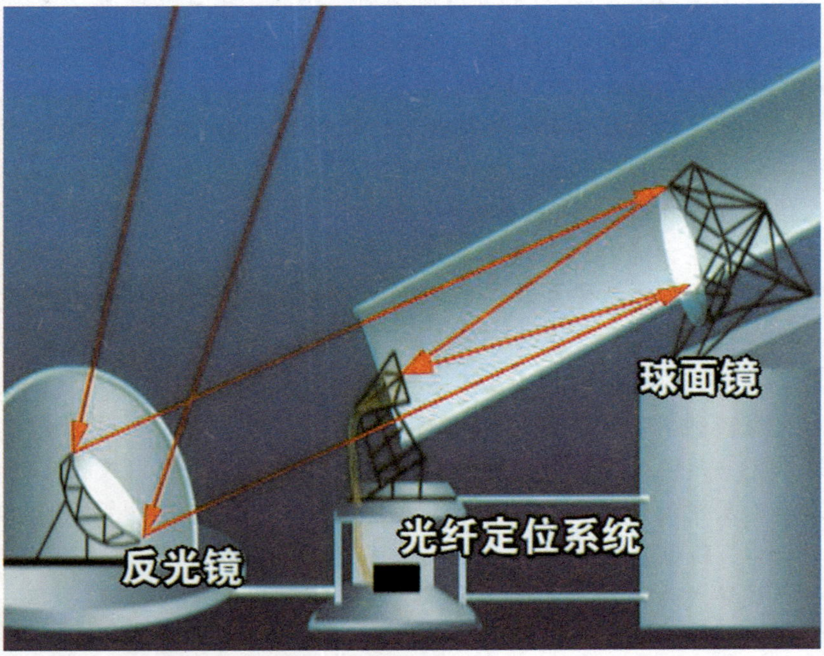

光纤光谱望远镜原理图

镜呢？

随着人们对宇宙了解的不断深入，天文学家发现，通过研究星星的光谱可以掌握更多的信息，但是，现有的光学望远镜却只能记录星星的图像，而不能记录光谱，于是他们想办法对望远镜进行改造。但是，改造以后，望远镜也只能一颗一颗地观测，要是同时看到两颗以上的星星，它们的光谱就会掺杂在一起，给研究造成困难。可是，在银河系中，存在着几十亿颗星星，如果只是这样一颗一颗地记录光谱，将会是一个非常漫长的过程。因此，他们迫切地需要一种可以同时获得很多星星光谱信息的望远镜。这个愿望直到光纤望远镜出现以后才得以实现。

20世纪80年代，澳大利亚的天文学家把几百根光纤安装在一台望远镜中，增强了它获得光谱的能力。这台望远镜是德国科学家施密特发明的一种折射式光学望远镜。它由透镜和球面反光镜组成。光线经过透镜后，由球面镜把光汇聚成像。由于这种望远镜看到的星星很多，星星的图像就会在焦点上形成一个焦面。他们通过转动镜筒选择观测目标。在观测的时候，他们在望远镜的焦面上安上胶片拍照，留下星星的图像资料进行研究。

澳大利亚的天文学家就是把400根光纤安装在望远镜焦面上。观测的时候，让每一根光纤对准一颗星星。这样，他们观测一次就能得到几百颗星星的光谱信息，增加了望远镜获得光谱信息的能力。

光纤望远镜的出现，把天文学家过去需要几个月才能完成的观测任务，仅用一个晚上就完成了，它的出现，加快了人们了解宇宙的速度，也促进了天文学研究的发展。

然而，由于澳大利亚位于地球的南半球，受地理位置的影响，这台光纤望远

通过研究光谱，人们可以知道星星上面的温度以及它们是由什么物质组成的

镜只能记录南半球天空中星星的光谱，却观测不到北半球天空中的大部分星星。因此，地处北半球的我国也亟须建造一台光纤天文望远镜，以弥补这种差异。

制造大型光学望远镜，需要玻璃制造、精密机械等很多相关领域科学技术的支持。通过对国内综合技术实力的分析和研究，科学家认为望远镜的最大口径可以达到6米，光纤最理想的安装数量是4 000根。这样，在理论上，观测一次最多能够得到4 000颗星星的光谱，是澳大利亚那台望远镜观测数量的10倍。

我国科学家在望远镜的设计上进行大胆尝试，想出了新的结构设计方案。为此，科研人员在南京建造了小型实验装置，用来检测它的实际观测效果。

这次实验的计划是观测小熊星座。实验员把小熊星座的坐标输入程序。这时候，负责寻找目标的镜片按照指令程序转向小熊星座的方向。忽然，图像在屏幕上出现了。光纤准确地把小熊星的光传送回来，而且图像质量非常清晰，达到了预期的观测效果。

这项实验的成功表明，由我国科学家自主研究设计的光纤快速定位和光学成像系统已经达到了实际应用的要求，为我国建造大型光纤光谱天文望远镜提供了可靠的依据。

据专家介绍说，这台一次就可以观测4 000颗星星的光纤望远镜的研究和试验工作，已经基本完成了，2004年已经开始动工兴建，安装在北京天文台兴隆观测站上。它的任务是全面地记录北半球天空中所有星星的光谱信息。等它建成后，将成为这个观测站里最宏伟的建筑，和其他的天文望远镜一起组成我们国家天体物理学研究的一个重要基地，帮助人们探索更广阔宇宙空间的奥秘。